国家重点研发计划纳米科技重点专项
（2020YFA0210900）资助项目

蓝天白云不是梦

LANTIAN BAIYUN BUSHI MENG

纪红兵　华　炜◎编著

U0385830

中山大学出版社
SUN YAT-SEN UNIVERSITY PRESS
·广州·

图书在版编目（CIP）数据

蓝天白云不是梦/纪红兵，华炜编著．—广州：中山大学出版社，2020.11
ISBN 978 - 7 - 306 - 06923 - 8

Ⅰ．①蓝…　Ⅱ．①纪…　②华…　Ⅲ．①空气污染—污染防治　Ⅳ．①X51

中国版本图书馆 CIP 数据核字（2020）第 145440 号

出 版 人：王天琪
策划编辑：金继伟
责任编辑：黄浩佳
封面设计：曾　斌
责任校对：谢贞静
责任技编：何雅涛
出版发行：中山大学出版社
电　　话：编辑部 020 - 84111996，84113349，84111997，84110779
　　　　　发行部 020 - 84111998，84111981，84111160
地　　址：广州市新港西路 135 号
邮　　编：510275　　　　　传　真：020 - 84036565
网　　址：http://www.zsup.com.cn
　　　　　E-mail：zdcbs@mail.sysu.edu.cn
印 刷 者：佛山市浩文彩色印刷有限公司
规　　格：787mm×1092mm　　1/32　　7.75 印张　　260 千字
版次印次：2020 年 11 月第 1 版　　2020 年 11 月第 1 次印刷
定　　价：48.00 元

目 录

1 废气的概述

1.1 什么是废气——从"雾都"伦敦华丽转身讲起

1952 年 12 月 4—9 日，大量工厂生产和居民燃煤取暖排出的废气在伦敦上空难以扩散，伦敦城被黑暗的迷雾所笼罩，马路上几乎没有车，人们小心翼翼地沿着人行道摸索前进。大街上的电灯在烟雾中若明若暗，犹如黑暗中的点点星光。直至 12 月 10 日，强劲的西风吹散了笼罩在伦敦上空的恐怖烟雾。

当时，伦敦空气中的污染物浓度持续上升，许多人出现胸闷、窒息等不适感，发病率和死亡率急剧增加。在大雾持续的 5 天里，据英国官方的统计，丧生者达 5000 多人，在大雾过去之后的 2 个月内有 8000 多人相继死亡。

"伦敦烟雾事件"发生后，英国人开始反思空气污染造成的苦果。此后，英国政府制定了一系列的法规措施来整治环境。1956 年，英国政府颁布了《清洁空气法案》，大规模改造

图 1.1　烟雾笼罩下的城市

城市居民的传统炉灶，减少煤炭用量；将发电厂和重工业迁到郊区。1968 年以后，英国又出台了一系列的空气污染防控法案，这些法案针对各种废气排放进行了严格约束。20 世纪 80 年代后，交通污染取代工业污染成为伦敦空气质量的首要威胁。为此，政府出台了一系列措施来抑制交通污染，包括优先发展公共交通网络、抑制私车发展等。经过 50 多年的治理，伦敦终于摘掉了"雾都"的帽子，城市上空重现蓝天白云。今天的伦敦，已成为一座"绿色花园城市"，并成为吸引全球游客非常多的城市之一。

图1.2　碧水蓝天的伦敦

上述的伦敦烟雾就是由工业废气诱导形成的，当空气中的污染物浓度达到一定程度时，就会影响生态系统和人类正常生存和发展的条件。"废气"从字面上很容易理解，指的是人类生产和生活中产生的无用气体，包括部分有毒、有害的气体，特别是化工厂、钢铁厂、制药厂、炼焦厂和炼油厂等，排放的废气气味大，严重污染环境和影响人体健康。

 拓展：其他国家废气导致的大气污染问题

美国洛杉矶光化学烟雾事件分别在 1952 年 12 月和 1955 年 9 月发生，两次事件合计引发 800 多位 65 岁以上的老人死亡。洛杉矶市是美国当时的第三大城市，拥有发达的制造工业和市内交通，汽车保有量达 400 多万辆，密集的车流每天向城市上空排放大量的废气。这些废气在阳光的作用下，发生光化学反应，生成一种浅蓝色的光化学烟雾，加之洛杉矶三面环山的地形不利于烟雾的扩散，在城市上空形成了严重污染。对此，美国通过出台控制条例和立法，制定严格的标准，采取多项措施，鼓励人们少开汽车，使烟雾污染得到了有效的控制。

20 世纪中叶，德国的鲁尔工业区也曾有过严重的大气污染问题。鲁尔工业区是德国当时著名的煤矿工业区，当地的炼焦厂、电厂和钢铁厂排出的废气使该区空气质量远远低于德国其他地区。自 20 世纪 60 年代起，德国联邦政府开始重视空气质量管理与环境保护技术的研发，并对鲁尔工业区发电厂、工业企业等实施大规模减排改造，关停一些污染物排放超标的工厂。最终，鲁尔工业区于 80 年代正式结束工业生产，成功转型为如今的文化产业园。

日本东京重污染事件。在工业化前期日本也曾经污染严重，东京在 20 世纪 60 年代烟气熏天。但从 1962 年制定大气污染控制法《煤烟排放规制法》，到如今控制大气污染的基本法律框架的完备，对污染源治理问题起到了决定性作用。

苏联时期，俄罗斯境内曾经大规模地发展过重工业，导致了很多地方的环境污染。直至今天，俄罗斯很多传统的工业区（比如中部的西伯利亚和南部地区）的空气污染指数都是高于全国平均值。近年来，俄罗斯国内经济发展模式向知识型和创新型转变。虽然俄罗斯国内非常重视环境保护，但是治理污染需要过程和时间，即使是在绿树环抱下的首都莫斯科，过多的机动车尾气也使空气质量下降，无法令人满意。

再看我国，2013 年 1 月，北京城连续多日被雾霾笼罩，之后东部诸多大中城市全年集体成为雾霾"重灾区"，这是北京 60 多年来遭遇雾霾最多、最频繁的年份，中国"雾霾锁城"现象引起了社会广泛关注。次年，在北京迎接 2014 年亚太经合组织（Asia Pacific Economic Cooperation，APEC）第二十二次领导人非正式会议之际，中国政府用超常规手段保障空气质量达标，引起网络热议，网民将这样的蓝天称为"APEC蓝"。随着《大气污染防治行动计划》的多次修订，各项措施的逐步落实，我们看到，大气污染问题是可以改善的。

纵观各国发展历程，我们发现大气污染问题就像"成长的烦恼"一样，绕不开也躲不过。英国伦敦从"雾都"到"绿色花园城市"的华丽转身，妥善地处理了人与自然的关系；美国、德国、日本、俄罗斯也在工业化进程中意识到环境污染的问题并积极改善；我国目前大气污染防治工作已初见成

图 1.3　北京雾霾和晴天对比照

效，但仍任重道远。空气四处流动，没有人能做看客，没有一个地方能独善其身，大气污染防治需要社会各界的共同努力。通过废气科普知识的学习，了解废气来自哪里，废气有哪些，废气会产生哪些现象，如何控制废气带来的负面影响，能够帮助大家消除因缺乏相关知识而对废气危害产生的误解或不安情绪，提高大气环境保护的意识；理解国家治理大气污染的政策，积极参与、监督和推动大气污染防治行动。相信在我们共同努力下，"APEC 蓝"不只是转瞬即逝的美好，它终将常态化，成为真正的"北京蓝""中国蓝"。

图 1.4 "APEC 蓝"下的北京

1.2 浅谈大气污染源分类及大气污染类型——给废气做个分类游戏

根据国际标准化组织（International Organization for Standardization，ISO）对大气污染的定义，大气污染通常是指由于人类活动和自然过程引起某种物质进入大气中，呈现出足够的浓度，达到了足够的时间并因此危害了人体的健康和福利或危害了环境的现象。大气污染源，是指向大气排放足以对环境产生有害影响物质的生产过程、设备、物体或场所。它具有两层含义，一方面是指"污染物的发生源"，另一方面是指"污染物来源"。不同的大气污染物会造成不同的大气污染类型。

 （一）大气污染源分类

大气污染源可分为自然的和人为的两大类。自然污染源是自然形成的，如火山爆发、森林火灾等；人为污染源是由于人们从事生产和生活活动而形成的。在人为污染源中，又可分为固定（如烟囱、工业排气筒）和移动（如汽车、火车、飞机、轮船）两种。因为人为污染源随处可见，所以相较于自然污染源更被密切关注。

分类游戏规则 1：按照污染物排放空间分布方式划分[1]，

可分为以下四类。

点源：通过某种装置集中排放的固定点状源，如烟囱、排气筒等。

线源：污染物呈线状排放或者由移动源构成线状排放的源，如城市道路的机动车排放源。

面源：在一定区域范围内呈现区域面积污染的源，如工艺过程中的无组织排放、储存堆、密集而低矮的居民住宅烟囱群、渣场等排放源。

体源：由源本身或附近建筑物的空气动力学作用使污染物呈一定体积向大气排放的源，如焦炉炉体、屋顶天窗等。

①点源
②线源
③面源
④体源

图1.5 污染物排放空间分布方式划分

分类游戏规则2：按污染物排放运动状态划分为以下两种。

移动源：主要指交通车辆、飞机、轮船等排气源，其排放废气中含有烟尘、有机和无机的气态有害物质。[2]还可以细分为道路机动车源和非道路移动源，道路机动车源包括载客汽车、载货汽车和摩托车等，非道路移动源包括工程机械、农业机械、小型通用机械、柴油发电机组、船舶、铁路内燃机车、飞机等。[3]

固定源：主要指燃煤、燃油、燃气的锅炉和工业炉灶以及石油化工、冶金、建材等工业生产过程中产生的废气通过排气筒向空气中排放的污染源。[4]

图1.6　移动源中的汽车尾气和飞机尾气

10

图 1.7　固定源中的锅炉废气处理和工业生产过程废气收集

表 1.1　大气污染源分类

分类依据	类　　型
污染物的形成方式	自然源、人为源
排放污染物的空间分布方式	点源、线源、面源、体源
排放污染物的运动状态	移动源、固定源
排放时间	连续源、间断源、瞬时源
排放位置	地面源、高架源

 （二）大气污染类型

按照不同的分类依据，还可以对大气污染物造成的大气污染类型做分类。

分类游戏规则 1：按污染物的影响范围分为以下四种。

局部性污染：指某个较小单位或地点的范围性污染，局限在污染源排出的局部地区，如某一火电厂。

地区性污染：指某个城市或区域的地方性污染，如一个工业区、一个城镇及附近地区。

广域性污染：指因某个地区的大范围污染而造成的周边的传播式污染，超过行政区域的广大地域，如大工业城市及其附近地区。

全球性污染：指超越国界的世界范围内的污染。

按污染影响范围划分，其中范围只能是相对的，没有具体的标准，例如广域性污染是指大工业城市及其附近地区的污

12

染，但对某些面积有限的国家来说，可能产生国与国之间的全球性污染。

分类游戏规则 2：按燃料性质和污染物组成分为以下四种。

煤烟型污染：此污染类型多发生在以燃煤为主要能源的国家与地区，历史上早期的大气污染多属于此种类型，如 20 世纪著名的环境公害事件——伦敦烟雾事件、马斯河谷烟雾事件和马诺拉烟雾事件。

煤烟型污染的一次污染物是烟气、粉尘和二氧化硫等，二次污染物是硫酸及其盐类所构成的气溶胶。由于废气整体具有还原性的化学性质，因此煤烟型污染也称为还原型污染。燃煤是主要污染源，与燃油和燃气相比，相同规模的燃烧设备，燃煤排放的颗粒物和二氧化硫要高得多。影响污染物形成和排放的因素包括燃烧条件、煤的品质等，图 1.8 给出燃煤过程的生成物。

石油型（交通型）污染：此类污染多发生在油田、石油化工企业和汽车较多的大城市。近代的大气污染，尤其发生在发达国家和地区的，一般属于此种类型。主要来自机动车（汽油车和柴油车）和机动船，产生的一次污染物包括一氧化碳、氮氧化物和碳氢化合物，在相对湿度较低的夏天或污染严重地区会出现典型的二次污染——光化学烟雾（一种刺激性淡蓝色烟雾），会对人体、植物、材料产生严重危害。由于除一氧化碳外，其余废气具有氧化性的化学性质，因此交通型污染也称为氧化型污染。

混合型污染：此种污染类型是由煤炭型向石油型过渡的类

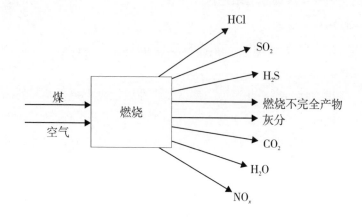

图 1.8　燃煤过程的生成物

图 1.9　汽车排放的主要一次污染物

型，它取决于一个国家的能源发展结构和经济发展速度，是以煤炭还是以石油为主要燃料的污染源而排放出的污染物体系。

　　特殊型污染：指某些工矿企业排放的特殊气体所造成的污染，如放射性气体、氯气、金属蒸汽或硫化氢、氟化氢等气体。前三种污染的范围较大，而这种污染所涉及的范围较小，主要发生在污染源附近的局部地区。

表 1.2　大气污染类型

分类依据	类　　型
污染物的影响范围	局部性、地区性、广域性、全球性
燃料性质和污染物组成	煤烟型、石油型、混合型、特殊型

本节参考文献

［1］环境影响评价技术导则大气环境（HJ 2.2—2008）.

［2］环境科学大辞典编委会. 环境科学大辞典［M］. 北京：中国环境科学出版社，1991：564.

［3］《道路机动车大气污染物排放清单编制技术指南（试行）》、《非道路移动源大气污染物排放清单编制技术指南（试行）》.

［4］固定源废气监测技术规范（HJ/T 397—2007）.

1.3　大气污染物的种类——看看废气是由哪些物质组成的

　　废气中包含着多种大气污染物，对人体和环境造成很大危害。大气污染物由人类活动或自然过程排入大气，当排放量超过环境承载量时，会对环境和人体产生有害影响。由它们转化而成的二次污染物也属于大气污染物的一类。

　　大气污染物的种类繁多，我们延续上一节的方法，也给它做一回分类游戏，以便于全面地认识废气的污染物种类组成。

分类游戏规则 1：按照成因可分为一次污染物和二次污染物。

一次污染物是指直接从污染源排到大气中的原始污染物质；二次污染物是进入大气之前相互作用，或与大气中已有组分发生化学反应，或在太阳辐射的参与下发生光化学反应而产生的新污染物质。

分类游戏规则 2：按照属性不同分类。

按照属性不同，一般可将大气污染物分为物理性（如噪声、电离辐射、电磁辐射）、化学性和生物性三类。其中，化学性污染物种类最多，污染范围最广。

分类游戏规则 3：按其存在状态，大气污染物可概括为两大类：颗粒污染物和气态污染物。

 （一）颗粒污染物

大气颗粒物（atmospheric particulate matters）是大气中存在的各种固态和液态颗粒状物质的总称。各种颗粒状物质均匀地分散在空气中构成一个相对稳定的庞大的悬浮体系，即气溶胶体系，因此大气颗粒物也称为大气气溶胶（atmospheric aerosols）。

1918 年，物理学家 E. G. Donnan 发现胶体化学过程和有云的大气过程有重要的相似点，因此参照术语"水溶胶"（hydrosol），引入了"气溶胶"（aerosol）术语，用于指空气

中分散的颗粒和液滴。气溶胶是多相系统，由颗粒及气体组成，平常所见到的灰尘、熏烟、烟、雾、霾等都属于气溶胶的范畴。

要知道什么是"气溶胶"，我们从"分散系"这个概念说起。分散系是一种或几种物质分散在另一种物质中所形成的体系，如溶液、悬浊液、土壤溶液等。分散系是由分散相（分散质）和分散介质连续相（分散剂）组成的，即分散系 = 分散质 + 分散剂，按照分散质粒子大小分类，可分为三种，具体见表1.3。

表1.3　分散系的分类

按照分散质粒子分类	分散质粒子大小 （1 纳米 = 10^{-9} 米）	举例
分子或离子分散系	小于 1 纳米	真溶液
胶体分散系	1～100 纳米	溶胶、高分子溶液
粗分散系	大于 100 纳米	悬浊液、乳状液

相，即体系中具有相同化学性质和物理性质的均匀部分，而且一个相中并不一定只有一种物质，如食盐溶液就是单相体系，但它包括氯化钠和水两种物质。胶体则是一种高度分散的多相体系。气溶胶态污染物是以气体作为分散剂的分散体系。其分散质可以是液态或固态，如雾的分散质是液滴，烟的分散质是固体颗粒等。

颗粒污染物（气溶胶态污染物）具体分类如下。

（1）按颗粒物的性质分类。

无机颗粒：如金属尘粒、矿物尘粒和建材尘粒等。

有机颗粒：如植物纤维、动物毛发、角质、皮屑、化学染料和塑料等。

有生命颗粒：如单细胞藻类、菌类、原生动物、细菌和病毒等。

（2）按颗粒物的粒径大小分类。

按照空气动力学直径大小，可将大气颗粒物分为总悬浮颗粒物、PM_{10}、$PM_{2.5}$。

总悬浮颗粒物：指悬浮在空气中，空气动力学当量直径在100微米以下的颗粒物。其主要来源于燃料燃烧时产生的烟尘、生产加工过程中产生的粉尘、建筑和交通扬尘、风沙扬尘及气态污染物经过复杂物理化学反应在空气中生成的相应的盐类颗粒。

PM_{10}：通常指粒径在10微米以下的可吸入颗粒物。可吸入颗粒物在环境空气中持续的时间很长，对人体健康和大气能见度的影响都很大。通常来自在未铺沥青、水泥的路面上行驶的机动车、材料的破碎碾磨处理过程以及被风扬起的尘土。可吸入颗粒物被人吸入后，会积累在呼吸系统中，引发许多疾病，对人类危害大。

$PM_{2.5}$：通常指环境空气中空气动力学当量直径小于等于2.5微米的细颗粒物。它能较长时间悬浮于空气中，其在空气中含量浓度越高，就代表空气污染越严重。虽然 $PM_{2.5}$ 只是地球大气成分中含量很少的组分，但它对空气质量和能见度等有重要的影响。与较粗的大气颗粒物相比，$PM_{2.5}$ 粒径小，是人类头发直径的 1/30，比表面积大，活性强，易附带有毒、有害物质（例如重金属、微生物等），且在大气中的停留时间长、输送距离远，因而对人体健康和大气环境质量的影响更大。

（3）从污染控制的角度进行分类

从大气污染控制的角度，按照颗粒的物理性质，通常采用如"粉尘""降尘""飘尘""飞灰""黑烟""雾"等进行分类。

粉尘：粒径为 1 ～ 75 微米的颗粒，它通常由固体物质的破碎、研磨、分级、输送等机械过程，或土壤、岩石的风化等自然过程形成。属于粉尘类的大气污染物的种类很多，如黏土粉尘、石英粉尘、煤粉、水泥粉尘、各种金属粉尘等。粉尘由于粒径不同，在重力作用下，沉降特性也不同，如粒径小于 10 微米的颗粒可以长期飘浮在空中，称为飘尘，其中 0.25 ～ 10 微米的又称为云尘，小于 0.1 微米的称为浮尘。而粒径大于 10 微米的颗粒，在重力作用下可以降落，因此称为降尘。

飞灰：又称粉煤灰或烟灰。这是燃料（主要是煤）燃烧过程中排出的微小灰粒，如燃煤电厂从烟道气体中收集的细灰。其粒径一般在 1 ～ 100 微米之间。

黑烟：通常指燃料燃烧产生的能见气溶胶，是燃料不完全燃烧的产物，除炭粒外，还有由碳、氢、氧、硫等组成的化合物。

雾：是气体中液滴悬浮体的总称。在气象中指造成能见度小于 1000 米的天气现象。它可能是由液体蒸汽的凝结、液体的雾化及化学反应等形成的。

图 1.10 颗粒物的不同属性状态

（二）气态污染物

气态污染物是在常温常压下以气态存在的污染物。气态污染物包括气体和蒸汽。气体是某些物质在常温、常压下所形成的气态形式，如一氧化碳（CO）、二氧化硫（SO_2）、二氧化氮（NO_2）、氨（NH_3）、硫化氢（H_2S）等。蒸汽是某些固态或液态物质受热后，固体升华或液体挥发而形成的气态物质，如汞蒸汽、苯、硫酸蒸汽。蒸汽遇冷，仍能逐渐恢复成原有的固体或液体状态。在目前地球上已知的大约 200 万种气态化合物中，具有气味的有约 30 万种，而最常被人们关注的是凭嗅觉即能感觉到的 4000 多种恶臭气态污染物。除此之外，对环境产生破坏的气体也属于气态污染物，如导致臭氧层空洞的氟

20

利昂等。按照化学组成，可将气态污染物按表1.4、表1.5内容进行分类。

表1.4　气态污染物分类

污染物	一次污染物	二次污染物
含硫化合物	SO_2、H_2S	SO_3、H_2SO_4、MSO_4
含氮化合物	NO、NH_3	NO_2、HNO_3、MNO_3
碳的氧化物	CO、CO_2	无
有机化合物	$C_1 \sim C_{10}$化合物	醛、酮、过氧乙酰硝酸酯、O_3
卤素化合物	HF、HCl	无

注：MSO_4、MNO_3分别为硫酸盐和硝酸盐。

表1.5　大气污染物的种类

分类依据	类型	
成因	一次污染物、二次污染物	
属性	物理性、生物性、化学性	
存在状态	颗粒污染物	按性质分为：无机颗粒、有机颗粒、有生命颗粒
		按粒径大小分为：总悬浮颗粒物、可吸入颗粒物、细颗粒物
		从大气污染控制的角度，按照颗粒的物理性质分为：粉尘、降尘、飘尘、飞灰、黑烟、雾
	气态污染物	按化学组成可分为：含硫化合物、含氮化合物、碳的氧化物、有机化合物、卤素化合物

1.4　废气的分析检测——用技术手段"彻查"废气

 ### 1.4.1　环境监测与第三方检测机构

　　长期以来，环境监测的任务都是由政府所属的环境监测机构执行。随着环境管理要求的不断提高及环境监测任务的快速增加，为环境管理提供技术支撑的环境监测工作压力越来越大，导致环保部门监测力量不足。

　　中华人民共和国环境保护部于 2015 年 2 月出台《关于推进环境检测服务社会化的指导意见》，以引导社会力量广泛参与环境监测，规范社会环境监测机构行为，促进环境监测服务社会化良性发展。为加快政府职能转变、提高公共服务效率，监测服务社会化势在必行，社会环境检测机构也应运而生。除了产生污染一方和监管污染治理的政府相关部门一方，社会环境检测机构成为除这两方以外的第三方，故也叫作"第三方检测机构"。

　　环境监测的目的主要是对目标检测区域进行样本采集，根据样本现状进行分析，对分析结果进行处理和规划，从而确定目标检测区域受到的污染应如何改善，如何治理。

　　废气的检测作为大气环境监测下的一部分，具体作用和内容如下：

（1）环境质量控制。掌握目标区域环境质量的现状，从宏观层面，国家、地方政府或企业就可以制定出针对性强的有效的环境控制措施。

（2）环境管理。通过长期收集的环境检测数据资料，可以分析污染情况的现状和规律，预测环境的发展趋势；能提供建设项目环境影响评价、竣工验收、排污许可等环境管理内容所需数据，为我国环境规划及环境管理提供科学依据。

（3）促进环境治理。污染治理既是对自然环境负责，更是对人类健康负责。环境检测能促进工业企业环境治理，安装环境污染控制设备或对其性能进行提升，使企业污染物排放符合国家标准。环境检测可以获得较为精确的污染物质组分占比等数据，能够针对危害性大的污染物优先控制，提高环境治理的效率。

 ### 1.4.2　环境检测机构能力认定

废气检测需要数据等科学依据，常采用高精度仪器进行。一个拥有各种专业设备仪器（采样设备、分析仪器等）和专业人员（采样人员、分析测试人员等）的实验室对于检测机构来说是必不可少的。

作为技术服务性行业，废气的监测或检测的仪器设备的技术含量高，涉及多个学科知识的集成，故第三方检测机构应申请环境检测机构能力认定，认定后才有资格开展相关检测业务。

图1.11　环境检测分析实验室

相关条例

　　根据《中华人民共和国计量法》第二十二条，为社会提供公证数据的产品质量检验机构，必须经省级以上人民政府计量行政部门对其计量检定、测试的能力和可靠性考核合格，即取得"CMA"资质。因此，所有环境监测机构都必须具备"CMA"资质，才可以开展相关的环境监测业务。

　　申请环境检测机构能力认定的基本条件主要体现以下五个方面：

　　（1）具有独立的企事业单位法人资格；

　　（2）获得国家或省级《资质认定计量认证证书》（CMA）；

　　（3）专业技术人员的数量及人员素质应与开展的环境监

测业务工作相适应。上岗技术人员应进行专业技术培训，并取得省级环保主管部门颁发的《社会环境检测机构技术人员上岗考核合格证书》；

（4）具备与开展业务相适应的仪器设备、分析实验室和工作场所；

（5）具备完整的质量管理体系并可有效执行。

废气的检查报告或者检查证书是废气检测机构最终技术成果的体现。为了保证检测机构有能力向社会出具高质量（准确、可靠、及时）的报告和（或）证书，我国有一套标准的流程对检测机构的技术能力进行认可、认证。我们国家目前正在推行强制性的"计量认证"和实验室自愿参加的"实验室认可"等制度，这能保证检测机构为社会提供检测服务的公正性、科学性和权威性。

图 1.12　中国计量认证（CMA）标志

中国计量认证，简称 CMA（China metrology accreditation），是根据中华人民共和国计量法的规定，由省级以上人民政府计量行政部门对检测机构的检测能力及可靠性进行的一种全面的认证及评价。取得计量认证合格证书的检测机构，允许其在检验报告上使用 CMA 标记；有 CMA 标记的检验报告可用于产品质量评价、司法鉴定等，具有法律效力。

图1.13　中国合格评定国家认可委员会（CNAS）实验室认可标志

中国合格评定国家认可委员会，简称 CNAS（China National Accreditation Service for Conformity Assessment），是根据《中华人民共和国认证认可条例》的规定，由国家认证认可监督管理委员会批准设立并授权的国家认可机构，统一负责对认证机构、实验室和检查机构等相关机构的认可工作。

有这一标志，表明该检验机构已经通过了中国国家实验室认证委员会的考核，检验能力已经达到了国家级实验室水平。根据中国加入世贸组织的有关协定，"CNAS"标志在国际上得到承认，譬如说能得到美国、日本、法国、德国、英国等国家的承认。

消费者在进行申请检测服务前，可以要求查看检测机构及检测人员出示含"CMA"标志的中国计量认证证书，并查看其检测范围及证书是否在有效期内，以保证其技术能力的权威可靠性。

1.4.3　废气的检测项目和检测内容

工业废气是大气污染物的主要来源，工业废气中主要含有颗粒物、重金属元素、无机小分子和有机类污染物。检测机构根据《固定污染源排气中颗粒物测定和气态污染物采样方法》（GB 16157—1996）、《固定源废气监测技术规范》（HJ/T 397—2007）、《大气污染物综合排放标准》（GB 16297—1996）及各类行业污染物排放标准为行业提供专业的采样和测试服务。

环境大气污染的主要来源是工业排放、汽车尾气、发电和焚烧排放等，大气环境质量已经成为影响我们生活的主要因素，有效消减污染源、对气象条件的研究及城市规划的合理性都将是提升大气环境质量的有效方法。

环境空气检测主要依据《环境空气质量标准》（GB 3095—2012）中的要求。该标准对多项环境空气污染物进行了浓度限制的规定，包括二氧化硫、二氧化氮、一氧化碳、臭氧、颗粒物、总悬浮颗粒物、氮氧化物、铅、苯并［a］芘等。

环境或室内空气检测：公共场所空气检测、办公室空气检测、室内装修空气检测、车内空气检测、家庭装修全程跟踪监测、装饰材料性能鉴定检测、大理石放射性检测、工程报监（新建楼盘、全装修楼盘空气质量验收）等。

废气检测：工业废气检测、车间空气与废气检测、食堂油烟检测、食堂火烟检测、发电机废气检测、锅炉废气检测等。

表1.6 部分废气检测依据标准

废气检测类型	依据标准
环境空气检测	《环境空气质量标准》（GB 3095—2012）；《环境空气质量指数（AQI）技术规定（试行）》（HJ 633—2012）
室内空气检测	《室内空气质量标准》（GB/T 18883—2002）；《民用建筑工程室内环境污染控制规范》（GB 50325—2010）
公共场所/工作场所空气检测	《工业企业设计卫生标准》（GBZ1—2010）；《公共场所卫生管理条例实施细则》（卫生部令第80号）
工业废气检测	《大气污染物综合排放标准》（GB 16297—1996）或地方标准；各行业性排放标准；锅炉、工业炉窑、火电厂、炼焦炉、水泥厂对应的大气污染物排放标准及恶臭污染物排放标准

工业废气的检测可以促进企业淘汰落后产能，优化能源结构，升级废气处理设备；对废气处理设施实施竣工验收检测，确保处理设施的有效性；对废气源的在线监测，系统定期实施数据有效性对比检测，避免在线监测数据不准确导致行政处罚；获取第三方废气检测报告，确保顺利通过排污申报和排污换证。

室内空气检测随着民众环保意识的提高逐步被大众关注与

接受。室内环境质量与人的健康息息相关，人的一生有 80% 的时间都在室内度过，有研究表明，室内的环境污染程度要高于室外数倍，室内空气污染已被美国环保署归结为危害公共健康的五类因素之一。家装材料中的有毒物质是室内空气污染的重要来源。科学的检测方法可以帮助大家了解装饰后的办公或生活环境是否达到环保要求，避免环境污染及人体健康受到威胁，从而及时对不合格的室内空气质量进行治理和整改，达到在良好的室内环境放心地工作和生活的目的。

图 1.14　室内空气污染

1.4.4　空气质量指数

空气质量指数（air quality index，AQI），就是根据环境空气质量标准和各项污染物对人体健康、生态、环境的影响，将常规监测的几种空气污染物浓度简化成单一概念性指数，它将空气污染程度和空气质量状况分级表示，适合于表示城市的短期空气质量状况和变化趋势。空气质量评价的主要污染物为细颗粒物、可吸入颗粒物、二氧化硫、二氧化氮、臭氧、一氧化碳等六项。

2012 年新版空气质量标准——《环境空气质量标准》（GB 3095—2012）出台。新版的 AQI 是在原有 API 评价的三种污染物（二氧化硫、二氧化氮、PM_{10}）的基础上增加了细颗粒物 $PM_{2.5}$、臭氧、一氧化碳这三种污染物指标，发布频次也从每天一次变成每小时一次。因此，相较 API，AQI 采用的分级限制标准更严、污染物指标更多、发布频次更高，其评价结果也将更加真实有效。

空气质量指数只表征污染程度，并非具体污染物的浓度值，就像股票交易市场的上证综合指数不代表股价，消费物价指数 CPI 不代表物价一样。AQI 的数据每天都会在当地的环保局或授权的监测站发布，公众能够直观地了解当天的健康出行指引。

AQI 共分六级，从一级优、二级良、三级轻度污染、四级中度污染，直至五级重度污染、六级严重污染。空气污染指数

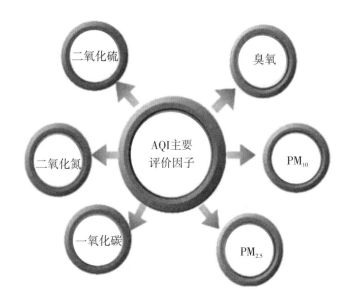

图 1.15　AQI 主要评价因子

划分为 0 ～ 50、51 ～ 100、101 ～ 150、151 ～ 200、201 ～ 300
和大于 300 等六档（表 1.7）。

表 1.7　不同级别的空气质量指数

AQI 数值	AQI 类别及表示颜色		对健康影响情况	建议采取的措施
0 ～ 50	优	绿色	空气质量令人满意，基本无空气污染	各类人群可正常活动

AQI 数值	AQI 类别及表示颜色		对健康影响情况	建议采取的措施
51 ~ 100	良	黄色	空气质量可接受，某些污染物可能对极少异常敏感人群健康有较弱影响	极少数异常敏感人群应减少户外活动
101 ~ 150	轻度污染	橙色	易感人群症状有轻度加剧，健康人群出现刺激症状	儿童、老年人及心脏病、呼吸系统疾病患者应减少长时间、高强度的户外锻炼
151 ~ 200	中度污染	红色	进一步加剧易感人群症状，可能对健康人群心脏、呼吸系统有影响	儿童、老年人及心脏病、呼吸疾病患者应避免长时间、高强度的锻炼，一般人群应减少户外运动
201 ~ 300	重度污染	紫色	心脏病和肺病患者症状显著加剧，运动耐受力降低，健康人群普遍出现症状	儿童、老年人及心脏病、肺病患者应停留在室内，停止户外运动，一般人群减少户外运动
大于 300	严重污染	褐红色	健康人运动耐受力降低，有明显强烈症状，提前出现某些疾病	儿童、老年人和病人停留在室内，避免体力消耗，一般人群应避免户外活动

根据《环境空气质量指数（AQI）技术规定（试行)》

（HJ 633—2012），AQI 是各项污染物的空气质量分指数中的最大值，而空气质量分指数则是由污染物浓度限值折算出来的。

1.5 废气的危害

废气是指人类在生产和生活过程中排出的有毒有害的气体。特别是化工厂、钢铁厂、制药厂及炼焦厂和炼油厂等，排放的废气气味大，严重污染环境和影响人体健康。废气作为大气中的一部分会影响人类和动物的健康，危害植被、影响气候、腐蚀材料、降低大气能见度。

 ### 1.5.1 对人类及动物健康的危害

废气侵入人体及动物主要通过三种渠道：
①呼吸道吸入；
②随食品和饮用水摄入；
③体表接触侵入。
其中，由呼吸道吸入废气对人体及动物造成的影响和危害最为严重。

人每天正常呼吸 10～15 立方米的洁净空气，吸入的空气经过鼻、咽、喉、气管、支气管后进入肺泡，在肺泡内以物理扩散的形式进行气体交换。当血液通过肺泡毛细血管时，吸收氧气，释放出二氧化碳。含氧的血液经肺动脉到心脏，再经大动脉把氧气输送到人体的各部位，供人体组织和细胞新陈代谢之用。

人若吸入废气，轻者会因上呼吸道受到刺激而有不适感，重者会发生呼吸系统的病变。若废气污染物浓度高，可能会造成急性中毒，甚至死亡。废气中污染物对人类及动物健康的影响随污染物浓度、感染时间，以及个体健康状况差异而不同。

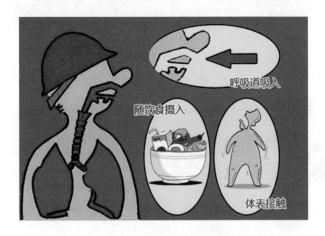

图 1.16　废气侵入人体的途径

 1.5.2　对植物的危害

植物更易受废气的危害，它们有庞大的叶面积同空气接触并进行活跃的气体交换。植物不像动物那样具有循环系统，可以缓冲外界的影响，提供比较稳定的内环境。

废铁回收场红褐色粉尘在叶表附着　　　臭氧危害叶片的症状

氟化物危害叶片的症状　　　植物表面蜜蜂排泄物斑块附着情形

图 1.17　废气对植物的危害

　　废气对植物的危害可表现为以下几个类型：

　　①急性危害是指在高浓度污染物影响下，短时间内产生的危害，使植物叶子表面产生伤斑，或者直接使叶片枯萎脱落。

　　②慢性危害是指长期在低浓度污染物影响下产生的危害，使植物叶片褪绿，影响植物生长发育，有时还会出现与急性危害类似的症状。

　　③不可见危害是指在低浓度污染物影响下，植物外表不出现受害症状，但植物生理已受影响，使植物品质变坏，产量

下降。

　　废气对植物的危害程度取决于污染物剂量、污染物组成等因素。例如，环境中的二氧化硫能直接损害植物的叶子，长期阻碍植物生长；氟化物会使某些关键的酶催化作用受到影响；臭氧可对植物气孔和膜造成损害，导致气孔关闭，也可破坏植物中腺苷三磷酸的形成，降低光合作用对根部的营养物的供应，影响根系向植物上部输送水分和养料。

1.5.3　对器物和材料的危害

　　废气对我们生活中各种金属制品、油漆涂料、皮革制品、纸制品、纺织品、橡胶制品和建筑物等的危害也是非常严重的。这种危害包括沾污性损害和化学性损害两方面。

　　沾污性损害主要是废气中的粉尘、烟等细颗粒物落在物品表面造成的，有的可以通过清扫冲洗除去，有的很难除去，如废气的煤油焦油颗粒等。

图 1.18　雾霾天行驶后高铁车身布满尘埃

图 1.19　沾污性废气颗粒通过自动和人工清洗去除

　　化学性损害是由于废气污染物的化学作用，使器物和材料表面受到腐蚀或损坏。例如，二氧化硫及其他酸性气体可腐蚀金属、建筑石料及玻璃的表面。由于酸雨的侵蚀，世界上很多著名的大理石和石灰石雕像及建筑物遭到破坏，如意大利罗马大帝雕像、我国的乐山大佛、印度的泰姬陵等。二氧化硫还可使纸张变脆、褪色，使胶卷表面出现污点、皮革脆裂并使纺织品抗张力能力降低。

侵蚀前　　　　侵蚀后　　　　侵蚀前　　　　侵蚀后

图 1.20　废气导致的酸雨侵蚀建筑物

1.5.4　对自然环境的影响

废气对自然环境的主要影响是使大气能见度降低，能见度是指在指定方向上仅能用肉眼看见和辨认的最大距离。

一般来说，对大气能见度或清晰度有影响的污染物，主要是气溶胶粒子、能通过大气反应生成气溶胶粒子的其他气体或有色气体。

对能见度有潜在影响的污染物有：

①总悬浮颗粒物；

②二氧化硫和其他气态含硫化合物，在大气中以较大反应速率反应生成硫酸盐和硫酸气溶胶粒子；

③一氧化氮和二氧化氮，在大气中反应生成硝酸盐和硝酸气溶胶粒子，在某些条件下，红棕色的二氧化氮会导致烟雾和城市的雾霾出现可见着色；

④光化学烟雾，这类反应生成亚微米级的气溶胶粒子。

图1.21　能见度较低的路况

废气还会导致地球表面降水规律的变化。水循环对于地球上人类及动植物的生存是至关重要的。废气影响凝结作用与降水的形成，会导致地球上局部区域降水的增加或减少。废气对降水的化学影响还表现在酸性物质的输入，即产生酸雨现象，酸雨会导致土壤酸化，从而影响当地的动植物生长。

废气还会对全球性气候变化产生影响，比如废气中二氧化碳等温室气体浓度增加导致的全球气候变暖，还有工业生产中大量排放氟氯烃化合物等导致的地球臭氧层破坏出现空洞等，均会对人类的生存产生严重危害。

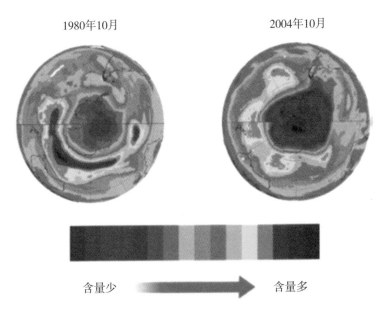

图 1.22 人造卫星所拍摄的南极上空臭氧浓度变化

2 废气的来源——"肇事者"是谁?

废气的来源有很多,除了自然过程产生的,如风力扬尘、火山爆发、森林火灾、生物腐烂等所产生的有害气体和灰尘,植物产生的酯类、烃类化合物,有机质腐烂产生的臭气及自然放射源等自然源以外,还有人类生产生活中形成的废气,这些人为"肇事者"有供热废气、企业废气、交通废气、家居废气、农牧业废气和扬尘等。主要对我们环境和健康产生危害的正是这些人为源。

2.1 供热废气

集中供热,已有近百年的历史。因为它具有节约燃料、减少城市污染等优点,所以发展速度很快。世界上已有20多个国家采用集中供热。我国供暖主要针对北方城市,供暖区域如图2.1所示。

目前我国主要采取的措施是集中供热,就是在一个较大的区域内利用集中热源向该区域的工厂及民用建筑供应生产、生活和采暖用热。北方的社区，通过集中设置供暖机房，借助管道输送由机房主机（通常为锅炉、热泵或直燃机）加热后的热水至各住户，在住户处通过采暖末端向室内散热，再由管道循环流回供暖机房再次加热。

图2.1　我国南北供暖区域界线

图2.2　北方居民享受集中供热

2.1.1 供热系统

供热系统包括热源、热网和用户三部分。

热源主要是热电厂和区域锅炉房，其中工业区域锅炉房一般采用蒸汽锅炉——俗称汽暖，民用区域锅炉房一般采用热水锅炉——俗称水暖。除此之外，热源还有工业余热、分散锅炉房、地热、核能、太阳能等。

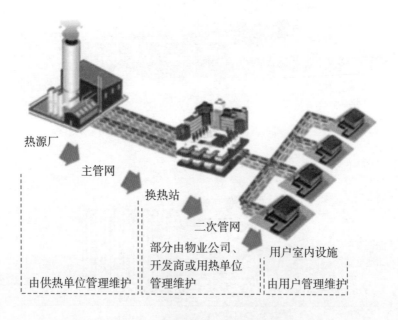

图2.3　居民集中供热系统示意

供热所用能源包括煤炭、燃油、天然气、电能、核能、太阳能、地热等。热网分为热水管网和蒸汽管网，供热主要用于工业和民用建筑的采暖、通风、空调和热水供应，以及生产过程中的加热、烘干、蒸煮、清洗、溶化、制冷、汽锤和气泵等操作。

 ## 2.1.2 集中供热对环境空气的影响

中国气象局数据显示，2013年以来，全国平均雾霾日数为4.7天，较常年同期偏多2.3天，为1961年以来最多。由中国社会科学院、中国气象局联合发布的《气候变化绿皮书：应对气候变化报告（2013）》中的数据显示，我国雾霾天成因呈明显的季节性，冬季里雾霾的天数占全年雾霾天总数的42.3%。

图2.4 燃煤产生空气污染

2011 年 6 月，有媒体报道称，2010 年中国工业锅炉燃煤排放二氧化硫约 1000 万吨、氮氧化合物约 200 万吨、粉尘约 100 万吨、废渣约 9000 万吨，是仅次于燃煤发电的第二大煤烟型污染源。

燃煤取暖是导致冬天雾霾现象严重的主要因素，特别是北方集中供暖的城市。冬季燃煤取暖导致空气的二氧化硫和粉尘颗粒物增多，再加上温度低、风力小等气象条件，雾霾容易积蓄不散，导致长时间的雾霾天气。

伴随着北方地区供暖季的到来，雾霾的情况进一步加剧，燃煤会导致大气污染并危害公众健康，在东北一些供暖较早的城市，已经出现了雾霾加重的情况。特别是进入冬季采暖期后，城中村和城边村取暖时的低空排放和无组织排放行为，对大气污染影响较大。

2.1.3 为什么冬季供暖对空气污染"贡献"很大？

中国是燃煤大国，煤炭在能源消耗中占了 70% 左右。现在东北地区主要的供暖方式还是燃煤统一供暖，能源结构单一，一次能源燃煤消耗比重占 80%，比全国平均水平高 10%。此外，燃煤锅炉运行的效率很低，大概为 60%，比先进国家低 15%～20%。

因此，每年工业和采暖期用煤量大，据有关统计数据显示，2011 年我国北方城镇供暖能耗为 1.66 亿吨标准煤，相当于 6 座三峡大坝年发电量。

比如北京的东郊供热厂，使用的是 20 吨和 25 吨的燃煤蒸汽锅炉，供应 20 多个小区站点共 200 多万平方米的暖气。每年冬天，工厂都会烧掉 4.5 万吨左右的煤。若使用清洁能源，比如天然气，则每年可减少使用燃煤 24 万吨，可减少粉尘排放 780 吨，减少二氧化硫排放 460 吨。

图 2.5　空气污染下的城市

近 3 年来，我国能源消费总量均在 40 亿吨标准煤以上，煤炭消费量均占能源消费总量的 60% 以上，其他能源包括原油、电力、天然气等。除了人们冬季的生活采暖，其他燃煤消耗对象还包括电力行业、钢铁行业、建材行业、工业锅炉及民用燃烧装置。可以说，以燃煤为主的能源消耗产生的大气污染对我国大气污染"贡献"最大，是我国大气污染控制需要重点关注的对象。

图2.6　大气重污染城市与区域

　　针对各地区燃煤供暖造成的问题，政府监管部门要保证供暖企业的环保除尘设备发挥作用，脱硫设备实质性的投入运行。特别是城市周边、城中村中大量未实现集中供热的区域，这些区域大部分的供热源还是小型燃煤锅炉，这些燃煤锅炉基本没有安装环保除尘设备，燃烧后的烟雾直接排入空中，对大气的影响非常大。

　　为求"温暖"与"蓝天"并存，众多城市开始寻求替代煤炭的清洁燃料，倡导"绿色供暖"。因传统集中供暖造成的燃"煤"之"疾"，可通过改变供暖方式，走低碳供暖之路来解决。具体可朝使用清洁能源代替(如以天然气为主,包括煤层气、电力、水源热泵、地源热泵等的供热方式)、污水供热、工业余热、锅炉拆小并大等方向探索推进,也可采取燃煤锅炉污染整治、洁净煤技术、锅炉废气深度处理技术等措施,进一步降低锅炉大气污染物排放量,改善空气质量。

2.2 工业企业废气

以燃煤为主的能源消耗产生的废气,除了供热废气外,还包括工业企业生产中使用的生产设备或生产场所产生的废气,如化工厂、石油炼制厂、钢铁厂、焦化厂、水泥厂在原料生产、加工过程、燃烧过程、加热和冷却过程、成品整理过程等产生的废气。

以典型石化生产过程中的常减压蒸馏装置为例,我们看看废气会在哪些环节产生。常减压蒸馏装置能将原油分离成不同的部分,是石油炼制厂最重要、最基础的加工装置,加工的流程如图2.7所示。

废气产生于以下三个环节:

(1)加热炉烟气。常减压蒸馏按沸点不同的原理将原油分离,操作时需要大量的热,燃料燃烧会产生二氧化硫、二氧化氮等污染物,属于能源消耗产生的废气。

(2)停工排放废气。装置在停工时,需要对塔、容器、管线用通蒸汽的方式清洗,将塔、容器、管道中的残留物用蒸汽吹扫带出,溶解于蒸汽冷凝水中,部分没有冷凝的油气会进

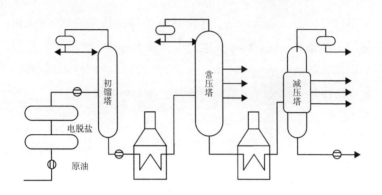

图 2.7 典型常减压蒸馏装置流程

入大气，检修时打开塔、容器等设备的入孔也会有油气的排出。

（3）无组织排放废气。无组织废气是指不经过排气筒或排气系统的无规则排放泄漏的大气污染物。炼油厂中产生的废水在管道输送过程中可能有异味废气的泄漏，输送轻质油品及碱渣管线、设备装置的阀门处都有可能产生泄漏。

由此例可以看出，工业企业不单单只有能源消耗产生的废气，废气来源还包括无组织排放和停工排放等。

化工生产中的无组织排放，特别是设备密封点的泄漏，不仅会造成物料损失和环境污染，而且影响企业的安全平稳运行，严重的还会引发火灾、爆炸、中毒等事故，极大地威胁了企业生产和人员的生命安全。

为了控制泄漏对环境造成的污染，国际上有一种较为先进的化工废气检测技术，近几年在我国也逐渐应用起来。它就是

图 2.8 复杂的设备装置及管线

泄漏检测与修复（leak detection and repair）技术，简称 LDAR
技术。该技术采用固定或移动监测设备，监测化工企业各类反
应釜、原料输送管道、泵、压缩机、阀门、法兰等易产生挥发
性有机物泄漏处，筛选出发生泄漏的位置，以进行维修和
更换。

　　由于企业生产的工艺、流程、原材料及操作管理条件和水
平的不同，所排放污染物的种类、数量、组成、性质等差异也
很大，一些化工生产过程排出的废气主要含有硫化氢、氮氧化

图2.9　技术人员检测阀门泄漏情况

物、氯化氢、甲醛、氨等各种有害气体。

那么如何控制这些损害我们大气环境的废气呢？

除了宏观的制定和修订环境保护相关法律、制定相关政策指导、推进环境保护相关科学研究、借鉴和学习发达国家的先进经验等手段，废气控制落到实处还可以从源头控制、过程控制和末端控制三个环节入手。

源头控制和过程控制是指从建设项目设计、生产工艺、装备水平、管理制度等方面进行改进——整治提升工艺落后、装备陈旧的企业；淘汰环境敏感的有机原料，提高反应效率；对物料进行密闭装卸、输送和储存，并通过 LDAR 技术"查漏补缺"，降低设备的泄漏水平，从源头减少有机废气的排放；同时制定开、停工的实施方案。末端控制就是指将生产过程产生的废气统一收集，经过合适的工艺治理后达标排放。通过这样全过程控制，也能使企业废气的异味问题得到控制。

　　另外，企业工厂的高烟筒有时候冒白气的现象常常会被认为是企业排放废气，实际情况并非如此。烟囱排放的白气其实是水蒸气（或含有二氧化碳等无害气体），是高温后水蒸发统一排出的现象。烟囱内安装了烟气成分的自动检测仪器，确保排放烟气符合国家排放标准，能够保证空气质量和安全生产。

图 2.10　企业排放水汽的烟囱

2.3 交通废气

　　环境保护部发布的《2016 年中国机动车环境管理年报》中提到，我国已连续六年成为世界机动车产销第一大国，机动车污染已成为我国空气污染的重要来源，是造成灰霾、光化学烟雾污染的重要原因。

　　我国对大气污染防治重点城市的污染来源解析研究的结果表明，机动车、工业生产、燃煤、扬尘等是当前我国大部分城

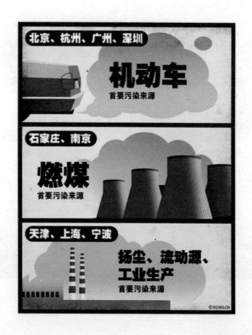

图 2.11　2015 年各地对颗粒物浓度贡献的首要污染来源

市环境空气中颗粒物的主要污染来源，占 85% ～ 90%。其中，北京、杭州、广州、深圳的首要污染来源是机动车（该研究中将工业里的燃煤与工艺过程中产生的废气分开统计）。交通废气除了主要来自机动车，也包括飞机、轮船等交通工具。

交通运输工具主要以燃油为主，主要的污染物源于燃料和空气在汽缸中不完全燃烧而产生的碳氢化合物、一氧化碳、氮氧化物、颗粒物、含铅污染物、苯并芘等。在阳光照射下，有些组分会发生光化学反应，生成光化学烟雾；氮氧化物和碳氢化合物也会产生二次污染物，对颗粒物浓度亦有"贡献"。

可以看出，交通废气对大气污染的影响是复合性的。因此，我国从源头上对新生产机动车开展了环境管理，既通过制定和实施国家机动车污染物排放标准，又从设计、定型、批量生产、销售等环节加强环境监管，保证机动车能够稳定达到排放标准的要求。新生产机动车环境管理是从源头预防和控制机动车污染物排放的重要手段。

相信开车的朋友都经历过机动车环保定期检验、环保检验合格标志核发的过程，这些是国家对使用机动车的环境管理措施，同时各级环保部门还实施了"黄标车"加速淘汰的管理制度，优先管控排放量高的机动车。

知识拓展——黄标车是什么？

黄标车，是新车定型时排放水平低于国 I 排放标准的汽油车和国Ⅲ排放标准的柴油车的统称。通常是尾气排放污染量大、浓度高、排放稳定性差的车辆，因为其贴的是黄色环保检验标志，所以称为黄标车。

图2.12　环保检验合格标志

　　尽管新能源汽车发展日益加快，但未来相当长一段时间内，传统石化燃料（汽油和柴油）仍是车用燃料的主要来源。因此，改善和提高燃料的品质仍是重要的控制交通废气手段。除此之外，还可以安装尾气净化器，将废气中的氮氧化物氧化成无害的氮气，排向大气。

　　每年的9月22日是世界无车日，最早是由法国发起的，其宗旨是增强人们的环保意识，了解汽车对城市环境造成的危害，鼓励人们在市区使用公共交通工具、骑车或步行。2007年，中国第一次加入无车日行列。2015年"中国城市无车日"的主题是"绿色交通——选择·改变·融合"，选择绿色交通方式——公共交通、步行和自行车等，改变过度依赖小汽车的出行习惯，将绿色出行和社会生活相融合。其实我们每个人都能重新思考出行方式，并唤起我们对环境问题的重视，通过力所能及的行动为环境保护贡献一丝力量。

图 2.13 可实现零排放的纯电动新能源汽车

图 2.14   2015 年世界无车日主题——选择·改变·融合

2.4   家居废气

人的一生有 80% 的时间在室内度过，虽然室内污染物浓度较低，但由于接触时间长，累积的接触量高，也会危害到居住人员的健康。家居废气引起的室内空气污染对于人体健康的影响更为密切。

图2.15　家居废气来源众多

　　家居废气主要源于家具和建筑材料中的甲醛、挥发性有机物、石棉；厨房燃烧器、取暖器排放的一氧化碳、氮氧化物、颗粒物；家用清洁剂、杀虫剂、化妆品等释放出的挥发性有机物；电脑、复印机等办公设备散发出的臭氧、有机物、颗粒物；人自身活动造成的诸如吸燃烟草中释放的有害物、呼出的二氧化碳；细菌和病毒；等等。

　　（1）人体呼吸、烟气。

　　研究结果表明，人体在新陈代谢过程中，会产生数百种化学物质，经呼吸道、皮肤汗腺等途径排出体外，例如尿素、氨等。此外，人体皮肤脱落的细胞，是空气尘埃的主要构成，如果浓度过高，就会形成室内生物污染，影响人体健康，甚至诱发多种疾病。吸烟是室内空气污染的主要来源之一。烟雾成分复杂，烟气中的"致癌物"达 40 多种。吸烟会明显增加心血管疾病的发病概率，是人类健康的"头号杀手"。

图 2.16　吸烟释放的烟气是家居废气来源之一

小知识——世界戒烟日

1987 年 11 月，世界卫生组织在日本东京举行的第 6 届吸烟与健康国际会议上建议把每年的 4 月 7 日定为世界无烟日（World No-Tobacco Day），并从 1988 年开始执行。从 1989 年开始，世界无烟日改为每年的 5 月 31 日。选择 5 月 31 日作为世界无烟日是因为第二天是国际儿童节，希望下一代免受烟草危害。

（2）装修材料、日常用品。

室内装修使用各种涂料、油漆、墙布、胶粘剂、人造板材、大理石地板及新购买的家具等，都可能会散发出酚、甲醛、石棉粉尘、放射性物质等，它们可导致人们头疼、失眠、

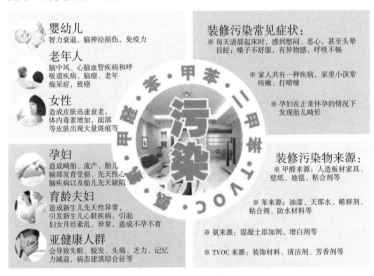

图 2.17 装修污染及其危害

皮炎和过敏等反应，使人体免疫功能下降。近年来，随着各种新型建筑装饰材料的广泛使用，家居装修日趋复杂，而家居空气中有害物质的种类和浓度比以往明显增加。在一些建筑中，会采用天然石材作为装饰材料（特别是红色花岗岩），这些石材中的放射性元素衰变后会形成一种无色无味的气体——氡气，造成氡气污染。

（3）厨房油烟。

研究表明，城市女性中肺癌患者增多，经医院诊断大部分患者为腺癌，它是一种与吸烟极少有联系的肺癌类型。进一步的调研发现，致癌途径与厨房油烟导致突变性和高温食用油氧化分解的致变物有关。厨房内的另一主要污染源为燃料的燃烧。在通风差的情况下，燃料燃烧产生的一氧化碳和氮氧化物的浓度会远远超过空气质量标准规定的极限值，这样的浓度必

图 2.18　厨房油烟

然会造成对人体的危害。

（4）家用化学品。

家居室内清洁剂、防霉剂、消毒剂、杀虫剂、灭鼠剂等化学品的使用都会给室内空气造成不同程度的污染，对人体健康造成一定的影响。

（5）室外污染。

近几年室外大气环境不断恶化，生态环境不断破坏，污染物的种类不断增加，加剧了室内空气的污染。人们在打开门窗进行通风换气时，不同种类的污染物也随之进入室内，加剧室内污染。

（6）空调综合征。

长期在空调环境中工作的人，往往会感到烦闷、乏力、嗜睡、肌肉痛，感冒的发生概率也较高，工作效率和健康明显下

降，这些症状统称为"空调综合征"。造成这些不良反应的主要原因是在密闭的空间内停留过久，二氧化碳、一氧化碳、可吸入颗粒物、挥发性有机物及一些致病微生物等的逐渐聚集而使污染加重。上述种种原因造成室内空气质量不佳，引起人们出现鼻塞、头昏、打喷嚏、耳鸣、乏力、记忆力减退、四肢肌肉关节酸痛等症状，继而影响了工作效率。

图2.19　夏天吹空调要注意通风换气

对于以上问题，大家不必太过于担心，下面就介绍一些简单的方法来避免家居废气对人体健康产生影响。

在装修问题上，提倡健康、科学、适度的装修，避免盲目追求豪华而忽略了家居废气问题。购买正规的绿色环保家具和装饰装修材料，完成装修后选择可信赖有资质的检测机构对甲醛、苯等总挥发性有机物含量指标进行检测，保证家居的空气质量。

加强通风换气可有效降低家居废气的浓度，也可以种植有净化空气作用的植物，辅助净化室内空气。

图2.20　有空气净化作用的植物

2.5　农业源废气

农业的两大支柱产业是种植业和畜牧业。种植业包括了生产粮食作物、经济作物、饲料作物和绿肥作物等农作物的生产活动；畜牧业则包括牲畜饲牧、家禽饲养、经济兽类驯养等。农业废气主要包括二氧化碳、甲烷、一氧化二氮和氨气，二氧化碳属于温室气体，是造成气候变暖的"头号元凶"。废气主要

来自种植业中的化肥农药的过量施用、农作物秸秆燃烧及畜
牧业。

图2.21　种植业和畜牧业

2.5.1　化肥农药过量施用带来的废气

有些农药带有挥发性，在喷撒时可随风飘散，落在叶面上可随蒸腾气流逸向大气，在土壤表层时也可因日照而蒸发到大气中，春季大风扬起裸露农田的浮土也带着残留的农药形成大气颗粒物，飘浮在空中。例如，北京地区大气中就检测出 70 种挥发性的有机污染物，60 种半挥发性的有机污染物，其中，农药 25 种之多，包括艾氏剂、狄氏剂、滴滴涕、氯丹、硫丹、多氯联苯等。南方农业地区，因气温高，问题更为严重。氮肥在施用后，可直接从土壤表面挥发成气体进入大气；而以有机氮或无机氮进入土壤内的氮肥，在土壤微生物作用下可转化为一氧化二氮进入大气。

对农药的控制可以从农药替代防治和源头控制入手。农药替代防治细分了很多方法，比如选用或培育抗虫抗病的作物品种，减少化学农药的使用量；通过改变耕作制度或耕作条件，减轻虫害的发生；采用有益动物（瓢虫、赤眼蜂等）、微生物（白僵蚕等）等来防治病虫害、杂草等有害生物。

源头控制则是指要合理科学地用药，尽量选择高效、低毒、低残留的化学农药。改善用药技术和方法，尽量减少化学农药的用量。

图 2.22　农药施用

 2.5.2　农作物秸秆燃烧带来的废气

　　秸秆是成熟农作物茎叶（穗）部分的总称，通常指小麦、水稻、玉米、薯类、油料、棉花、甘蔗和其他农作物在收获籽实后的剩余部分。农作物光合作用的产物有一半以上存在于秸秆中，秸秆富含氮、磷、钾、钙、镁和有机质等，是一种具有多用途的可再生的生物资源。

　　焚烧秸秆会污染空气环境，焚烧产生的滚滚浓烟中含有的大量颗粒物、一氧化碳、二氧化碳、二氧化硫等，会危害人体健康。焚烧产生的浓烟造成能见度下降，直接影响了民航、铁路、高速公路的正常运营。

图 2.23 秸秆焚烧时烟雾缭绕

作物成熟后，农民为了抢农时进行收割并尽快播种下一季作物，一把火烧掉这播种的"拦路虎"成了他们最省事省力的选择，这也是秸秆焚烧屡禁不止的原因。为此，如何使农作物秸秆循环利用、能源化和原料化利用是亟待解决的问题。目前已经开展了秸秆机械化还田、进行食用菌培养、转化成有机肥辅料和饲料、用于建筑和装修材料、进行发电等的积极尝试。找到秸秆综合利用新途径，达到保护环境和方便农民操作的目的，焚烧秸秆所造成的废气污染问题才能迎刃而解。

2.5.3　畜牧业带来的废气

关于畜牧业对环境的影响，联合国粮食与农业组织每年都有相关的报告。

2013 年《通过家畜解决气候变化问题》中的数据表明，畜牧产品供应链估计每年产生 7.1 亿吨当量二氧化碳，占人类活动以二氧化碳当量计算的温室气体的 14.5%，畜牧业在气候变化中扮演着重要的角色。饲料生产加工和反刍动物肠道发酵是畜牧业废气的两大主要来源，分别占 45% 和 39%，10%来自于化肥的储存和加工，其他废气来自产品加工和运输。

2006 年《牲畜的巨大阴影：环境问题与选择》中，畜牧业占以二氧化碳当量计算的温室气体排放的 18%，其他排放源见图 2.25。这比运输业所占的份额还大。

如果将来自土地利用和土地用途变化的排放量包括在内，畜牧部门占来自人类活动的二氧化碳排放量的 9%，但是所产生的更为有害的温室气体的比例则高得多。畜牧部门占与人类有关的一氧化二氮排放量的 65%，而一氧化二氮全球暖化潜能是二氧化碳的 296 倍，其中大部分来自粪便。此外，畜牧部

图 2.24 畜牧业带来的温室气体

门还分别占人类排放甲烷(是二氧化碳暖化潜能的 23 倍)和氨总量的 37%和 64%。

控制畜牧业产生废气,要提高畜牧和饲料作物生产效率,

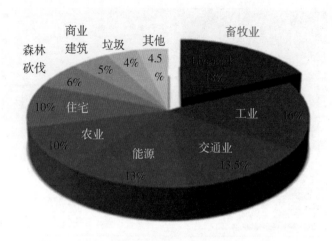

图 2.25　温室气体排放源

改善动物膳食以减少肠内发酵及其导致的甲烷排放，并建立沼气厂对粪便进行再循环处理。

3 废气主要污染物

　　废气中的污染物，对人和环境造成不同影响的具体是哪种污染物，常见的废气污染现象是如何产生的，污染物和污染现象之间又有着怎样错综复杂的关系，这些都会在本章中找到答案。

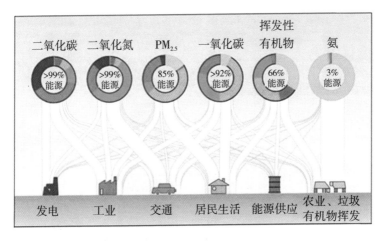

图 3.1　2015 年各领域对空气污染物的"贡献"（来源：国际能源署）

3.1 颗粒物

大气颗粒物（particles mater）是指大气中固态或液态的悬浮性污染物质，按物理状态分类，可分为固态的烟（fume）和粉尘（dust）、液态的雾（fog）和尘雾（dust fog）、固液混合态的烟尘（flue dust）。来源分为自然源和人为源两个方面。

自然源主要来自地面扬尘、海水溅沫蒸发而成的盐粒、火山喷发的散落物、森林火灾产生的烟尘，以及生物释放的花

图3.2　颗粒物的部分来源

粉、菌类孢子和微生物等。人为源主要来自燃料燃烧、冶炼、粉碎、筛分、输送、爆破、农药喷洒等工业农业生产过程，以及人们生活活动等排放的大气颗粒物。

在我国的环境空气质量标准中，根据颗粒粒径的大小，还可将其分为总悬浮颗粒物（粒径小于 100 微米的所有固体颗粒，total suspended particles，简称 TSP）、可吸入颗粒物（粒径小于等于 10 微米且大于 2.5 微米，particulate matter 10，简称 PM_{10}）和细颗粒物（粒径小于等于 2.5 微米，particulate matter 2.5，简称 $PM_{2.5}$）。

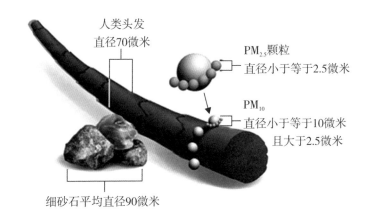

图 3.3　颗粒物粒径

近年来各地雾霾现象频发，各方对 $PM_{2.5}$ 的高度关注使它成为网络热词。$PM_{2.5}$ 也成了科学研究的"宠儿"，因为大家都想弄清楚其中有什么成分，又是如何对人体和环境造成影响的。

PM$_{2.5}$复杂的来源直接决定了其成分也很复杂，大致包括有机成分、水溶性成分和水不溶性成分，其中多环芳烃中的苯并[a]芘对人体有致癌作用，对人体有害的还有一些金属元素，如汞、铅、镉等。

表3.1　PM$_{2.5}$的组成

分　类		具体成分
有机成分 （质量可高达50%）		有机碳化合物、脂肪烃、芳烃、多环芳烃、醇、酮、酸、酯等
无机成分	水溶性成分	硫酸盐、硝酸盐、氯化物
	水不溶性成分	来自地壳的土壤成分（由硅、铝、钙、镁、钠、钾等元素的氧化物组成，主要是二氧化硅）、微量和痕量的金属元素（如汞、铅、镉等）

我们通过与PM$_{10}$进行对比，来了解PM$_{2.5}$对人体的危害。

PM$_{10}$也称为可吸入颗粒物。咽喉是PM$_{10}$在人体中能到达的终点站。PM$_{10}$积累于咽喉所在的上呼吸道，可以以吐痰的方式排出体外，另外，部分也会被鼻腔内部的绒毛阻挡。PM$_{10}$长期累积会引起呼吸系统疾病，如气促、咳嗽、慢性支气管炎、慢性肺炎等。

相比于PM$_{10}$，PM$_{2.5}$对人体健康的危害更大。

PM$_{2.5}$也称为细颗粒物、可入肺颗粒物。它的直径还不到人的头发丝粗细的1/20，人体的鼻腔、咽喉已经挡不住。它们可以一路下行，进入细支气管、肺泡，再通过肺泡壁进入毛

PM$_{2.5}$复杂的来源直接决定了其成分也很复杂，大致包括有机成分、水溶性成分和水不溶性成分，其中多环芳烃中的苯并[a]芘对人体有致癌作用，对人体有害的还有一些金属元素，如汞、铅、镉等。

表3.1　PM$_{2.5}$的组成

分　类		具体成分
有机成分 （质量可高达50%）		有机碳化合物、脂肪烃、芳烃、多环芳烃、醇、酮、酸、酯等
无机成分	水溶性成分	硫酸盐、硝酸盐、氯化物
	水不溶性成分	来自地壳的土壤成分（由硅、铝、钙、镁、钠、钾等元素的氧化物组成，主要是二氧化硅）、微量和痕量的金属元素（如汞、铅、镉等）

我们通过与PM$_{10}$进行对比，来了解PM$_{2.5}$对人体的危害。

PM$_{10}$也称为可吸入颗粒物。咽喉是PM$_{10}$在人体中能到达的终点站。PM$_{10}$积累于咽喉所在的上呼吸道，可以以吐痰的方式排出体外，另外，部分也会被鼻腔内部的绒毛阻挡。PM$_{10}$长期累积会引起呼吸系统疾病，如气促、咳嗽、慢性支气管炎、慢性肺炎等。

相比于PM$_{10}$，PM$_{2.5}$对人体健康的危害更大。

PM$_{2.5}$也称为细颗粒物、可入肺颗粒物。它的直径还不到人的头发丝粗细的1/20，人体的鼻腔、咽喉已经挡不住。它们可以一路下行，进入细支气管、肺泡，再通过肺泡壁进入毛

74

细血管，再进入整个血液循环系统。$PM_{2.5}$沉淀进肺泡后无法排出，会对呼吸系统和心血管系统造成很大伤害，引起包括呼吸道受刺激而咳嗽、呼吸困难、加重哮喘、导致慢性支气管炎、心律失常、冠心病、心肺病患者的过早死亡等现象。

$PM_{2.5}$还像一辆辆可以自由进入呼吸系统的小车。其他致病的物质，如细菌、病毒，可"搭车"进入呼吸系统深处。在致癌物多环芳烃进入人体的过程中，细颗粒物扮演了"顺风车"的角色。大多数多环芳烃吸附在颗粒物的表面，空气中$PM_{2.5}$越多，我们接触致癌物多环芳烃的机会就越多，从而增加肺癌、膀胱癌的得病概率。2013 年，$PM_{2.5}$被国际癌症研

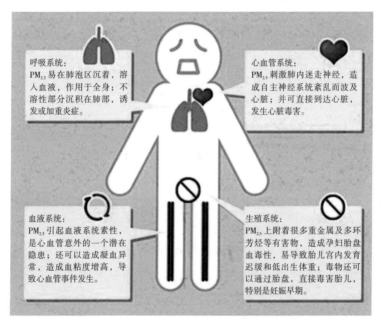

图 3.4 $PM_{2.5}$ 对人体的影响

究机构（International Agency for Reserch on Cancer，IARC）确认为一级（最高级）致癌物。

无论是 $PM_{2.5}$ 还是 PM_{10}，颗粒物对于能见度和温度的影响非常明显。光的散射和光的吸收效应是能见度降低的最主要因素。颗粒物的存在直接阻挡太阳光抵达地球表面，使可见光的光学厚度增大，抵达地面的太阳能通量剧烈下降，从而使地面温度降低，高空温度升高，进而对气候造成影响。

目前颗粒物造成的废气问题，主要是人为因素引起的，人类完全有能力控制和预防颗粒物的排放。例如，可以从燃煤污染控制、汽车尾气及飞机排放控制、交通道路及施工工地扬尘控制和开发利用清洁燃料入手控制。群众也可以积极参与到环境保护工作中，提高自身环境保护意识，自觉参与节能减排活动。节约一度电，一盆水，一张纸，少开一天车，少抽一支烟，都是对节能减排工作的贡献。

3.2　二氧化硫

二氧化硫气体无色，有刺激性气味，呈酸性，密度比空气大，易液化，易溶于水，是大气的主要污染物之一。

二氧化硫在大气中参与全球硫循环，是大气中最常见的硫氧化物，化学式是 SO_2。硫氧化物还包括有三氧化硫（又称硫酸酐）、三氧化二硫等，可统一写成 SO_x。二氧化硫与水滴、飘尘并存于大气中，受飘尘或水滴中铁、锰的催化作用，会氧化成硫酸雾、酸雨，或生成导致伦敦成为"雾都"的煤烟型

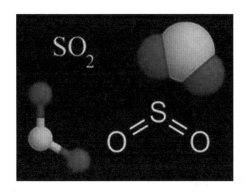

图3.5　二氧化硫结构示意

烟雾。

大气中的二氧化硫的来源也可以按照自然源和人为源划分。自然源有自然界中陆地和海洋生物残体等有机物的腐化和火山喷发等。人为源大部分来自化石燃料的燃烧，还有其他工业过程的废气排放，如金属冶炼、石油炼制、硫酸生产和硅酸盐制品焙烧等过程。

二氧化硫对人体的危害主要是刺激人的呼吸系统，吸入后刺激上呼吸道引起咳嗽，接着呼吸道的抵抗力减弱，诱发慢性呼吸道疾病，甚至引起肺水肿和肺源性心脏病。二氧化硫吸附在颗粒物上可以进入肺的深部。因此，当大气中同时存在硫氧化物和颗粒物质时，对人体危害更大。

二氧化硫对植物的危害主要是通过叶面气孔进入植物体，如果其浓度和持续时间超过植物体可承受的范围，就会破坏植物的正常生理机能，导致生长缓慢，对病虫害的抵御能力降低，严重时会枯死。

二氧化硫给人类带来最严重的问题是酸雨，二氧化硫及其氧化产物三氧化硫，溶于水后会形成硫酸雾（含硫酸盐）。硫酸盐是大气气溶胶 $PM_{2.5}$ 中主要组分之一，它对云的形成、酸雨、能见度和人体健康有着重要影响。大气中的硫酸盐主要是由二氧化硫经光化学氧化形成。具体形成过程和危害我们会在后面"酸雨"一节中专门探讨。

2000 年，我国二氧化硫排放量为 1995 万吨，居世界第一位，其中大部分排放量来自国家划定的酸雨控制区和二氧化硫污染控制区（简称"两控区"）。据专家测算，要满足全国天气的环境容量要求，二氧化硫排放量要在现有基础上至少削减 40%。2001—2010 年的二氧化硫排放量如图 3.6 所示，基本上在 2400 万吨左右。

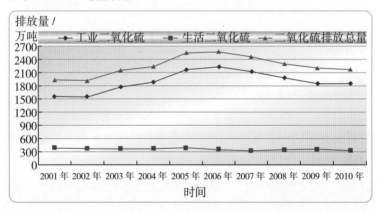

图 3.6　我国 2001—2010 年二氧化硫排放量

中国是世界上最大煤炭生产国和消费国，煤炭占一次能源消费总量的 75%。我国二氧化硫污染主要来源是燃煤，占总排放量的90%左右，而且这里面大部分来自工业燃煤。电力行业当属工业燃煤中的用煤大户，火力发电占我国发电量的80%左右。在火电机组的燃料中煤炭占95%，油气只占5%左右。我国煤炭硫分含量高，多数煤种平均含硫率超过1%。由于具有以煤为主的一次能源构成及煤的发热量低、含硫量高的特点，我国二氧化硫污染日益严重。

图3.7　燃煤电厂超低排放目标

　　从全过程控制角度看，火力发电厂控制二氧化硫技术基本可以分为三类，分别为燃煤前脱硫、燃煤中脱硫及燃煤后脱硫（即烟气脱硫）。目前，烟气脱硫被认为是控制二氧化硫最行之有效的途径。

　　燃烧前脱硫可以通过煤炭洗选技术、煤的气化技术、水煤浆技术、型煤加工技术，除去和减少原煤中所含灰分、硫份。经过处理或改造的煤燃烧时产生的烟尘和二氧化硫都远低于原煤的。

　　燃烧中脱硫可以利用炉内喷钙技术、流化床燃烧技术等，其原理也是通过钙基或石灰石与硫份反应，降低原煤中的硫份，这一过程称作"固硫"，从而减少二氧化硫的产生。

　　燃烧后脱硫，即烟气脱硫技术，方法非常多，按照脱硫剂的形态一般分为湿法和干法两大类。区别在于湿法烟气脱硫一般指用液体吸收剂（如水或碱性溶液），而干法烟气脱硫应用粉状或粒状吸收剂、吸附剂或催化剂来消除烟气中的二氧化硫，这种方法也叫吸收法或吸附法。

　　采取适当的脱硫方法对解决我国工业脱硫问题和"两控区"建设至关重要。控制二氧化硫除了以上的工业脱硫的方法，还可以推广清洁能源，将集中供暖、燃煤产生的二氧化硫重新利用于硫酸工业，还能用来制造化肥。目前，也有用高烟囱扩散的方法，使排放源附近的硫氧化物浓度降低，但这会污染远离污染源的地区，故只是权宜之计。

3.3 氮氧化物

　　氮氧化物指的是只由氮、氧两种元素组成的化合物，可以写作 NO_x。常见的氮氧化物有一氧化氮（NO，无色）、二氧化氮（NO_2，红棕色）、一氧化二氮（N_2O，无色）、五氧化二氮（N_2O_5，白色固体）等。其中，除五氧化二氮常态下呈固体外，其他氮氧化物常态下都呈气态。气态的氮氧化物除二氧化氮以外，其他氮氧化物均极不稳定，遇光、湿或热会经化学反应最终变成二氧化氮。

　　作为大气污染物的 NO_x 常指一氧化氮和二氧化氮。在外界环境中，一氧化氮更多时候扮演的是一个"气人"的角色。

它的化学性质很活泼，一旦暴露在空气中，就会迅速与氧气结合，变成红棕色的二氧化氮气体。

由一氧化氮转化的二氧化氮，其密度比空气大，容易在地面和低空滞留。氮氧化物都具有不同程度的毒性，它们不仅会刺激眼睛和呼吸道黏膜，还能与气管、肺泡等组织中的水分发生化学反应，转化成具有腐蚀性的硝酸而"烧"肺。

一氧化氮和二氧化氮都是大气污染物，它们主要来源于汽车、燃煤工厂等排放的废气。在紫外线的作用下，一氧化氮和二氧化氮还能导致光化学烟雾，使城市变成"雾都"，其刺激性气味对人和动植物的健康损害也相当大。在大气中游荡的二氧化氮如果被降雨云团"捕获"，还会导致硝酸酸雨，腐蚀建筑和交通工具、伤害植被、酸化土壤，并危及人体健康。飞机尾气里的一氧化氮则是高空臭氧层的杀手之一。它消耗了臭氧，自身却"毫发无损"，破坏力不亚于冰箱制冷剂氟利昂。

图3.8　氮氧化物主要来源之一——汽车尾气

除了给环境带来直接危害，氮氧化物会促进二氧化硫和亚硫酸盐向硫酸盐的转化，导致硫酸盐细颗粒物的快速生成，而硫酸盐与雾霾的成因密切相关。

由此可见，NO_x 是化学工业、国防工业、电力工业及锅炉和内燃机等排放气体中的有毒物质之一，是造成大气污染的主要污染源之一，也是直接导致我国各地阴霾天气、臭氧破坏、空气污染的重大因素。控制氮氧化物产生的主要源头——城市机动车尾气、工业燃煤烟气势在必行。

燃煤工厂产生氮氧化物废气的控制方法和二氧化硫的控制思路类似，都是从全过程的角度进行控制，但两者的控制方法不太相同。二氧化硫治理主要方法是将硫固化在渣料中，并使用碱性脱硫剂进行脱除。可通过控制燃烧温度及氧量来减少氮气和氧气反应生成的氮氧化物，而尾气中的氮氧化物则可以使用催化剂和氨进行脱除。

3.4　碳氧化物

3.4.1　别让一氧化碳成杀手

一氧化碳（CO）纯品为无色、无臭、无刺激性的有毒气体，是煤、石油等含碳物质不完全燃烧的产物。极难溶于水，在空气中不易与其他物质产生化学反应，故可在大气中停留

2～3年之久。标准状况下气体密度和空气密度相差很小，故易于忽略而致中毒。如局部污染严重，对人群健康有一定危害。

图3.9 一氧化碳的模型示意

　　一氧化碳是大气中分布最广和数量最多的污染物。它是含碳物质不完全燃烧的产物，在冶金、化学、石墨电极制造及家用煤气或煤炉、汽车尾气中都会产生一氧化碳。由于世界各国交通运输事业、工矿企业不断发展，煤和石油等燃料的消耗量持续增长，一氧化碳的排放量也随之增多。据1970年不完全统计，全世界一氧化碳总排放量达3.71亿吨。其中，汽车废气的排出量占2.37亿吨，约占64%，成为城市大气日益严重的污染来源。饮食行业、各种燃煤锅炉、窑炉也是造成一氧化碳污染加重的因素。采暖和茶炊炉灶的使用，不仅污染室内空气，也加重了城市的大气污染。一些自然灾害，如火山爆发、森林火灾、矿坑爆炸和地震等灾害事件，也会造成局部地区一氧化碳浓度的增高。

一氧化碳是一种对血液与神经系统毒性很强的污染物。一氧化碳进入人体之后会和血液中的血红蛋白结合，使血红蛋白不能与氧气结合，从而出现缺氧。

常见的一氧化碳中毒症状有头痛、恶心、呕吐、全身乏力、心动过速。吸入量比较大时会引起视网膜出血，异常樱桃红色的血，以及心律失常、嗜睡、昏迷。严重的还会损害心脏和中枢神经系统，会有偏瘫、失语、智力障碍等后遗症。

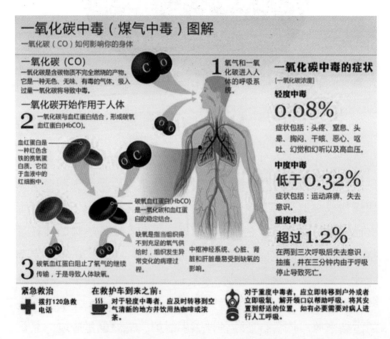

图 3.10　一氧化碳中毒图解

在城市生活中，需要根据生活环境的改变和一氧化碳毒源的改变，增强防范一氧化碳中毒的安全意识，要知道随着燃气、燃油、取暖和居室密封条件的改善，一旦发生一氧化碳产生和泄漏，其浓度更高，范围更广，危害更大。科学预防应注意如下七点：

①在厨房、居室和一切有一氧化碳毒源的区域安装一氧化碳报警器。

②定期请专业人员检查燃气管道、炉灶、燃气和燃油器械的安全性。

③注重居室与毒源绝对隔离。

④不要在密闭的室内吃炭火锅、点炭火盆。

⑤不要长时间在密闭车厢内靠发动机供暖，更不能在发动机持续燃烧时在车厢内睡觉。长时间在开着发动机且停滞的车内停留时，要保持车内的通风换气。

⑥不要在车库内长时间开着汽车发动机，保证车库的安全通风。

⑦经常检查一切废气排泄管道的通畅情况，确保废气排泄畅通无阻。

图3.11 防止一氧化碳中毒

3.4.2　二氧化碳是块宝，合理排放无温室

二氧化碳（CO_2）常温下是一种无色无味的气体，密度比空气大，能溶于水。在自然界中含量丰富，为大气组成的一部分，约占0.03%，主要由含碳物质燃烧和动物的新陈代谢产生。二氧化碳也包含在某些天然气或油田伴生气中及碳酸盐形成的矿石中。

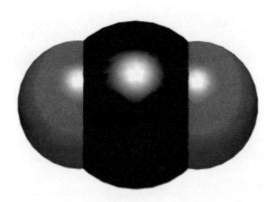

图3.12　二氧化碳的模型示意图

二氧化碳不能燃烧，也不助燃，因此常用于制作灭火器。二氧化碳溶于水可以生成碳酸，生产汽水等碳酸饮料就是利用了这一性质。二氧化碳与碱溶液反应能生成碳酸盐，实验室里常用碱性溶液澄清石灰水来检验二氧化碳的存在。植物在太阳光照射下，可以吸收二氧化碳，发生光合作用，释放出氧气。由于上述性质，二氧化碳在化工生产、气体肥料、灭火、制作

饮料等方面有广泛用途。

图3.13　二氧化碳在生活中的应用

　　固态二氧化碳又叫干冰，干冰升华时可以吸收周围的热量，使周围水汽凝结，就生成了一种云雾缭绕的景象，因此干冰常用于低温保存物品，在餐饮、人工降雨、舞台特效等方面大量应用。

　　地面上的二氧化碳主要来自煤、石油、天然气及其他含碳化合物的燃烧，碳酸钙矿石的分解，动物的呼吸及发酵过程。二氧化碳增加的另一个原因是地球陆地植物系统的破坏，近几十年来，森林的砍伐破坏日益严重，导致大气中二氧化碳浓度增加。这样的大气层如同罩在地球上的一层硕大无比的塑料薄膜，留住太阳光中的温暖的红外线，不让它散失掉，使地球成为昼夜温差不太悬殊的温室。

　　二氧化碳密度较空气大，低含量二氧化碳对人体无危害，

图 3.14　干冰及使用干冰的舞台效果

但超过一定量时会影响人的呼吸，原因是血液中的碳酸浓度增大，酸性增强，从而产生酸中毒。当空气中二氧化碳的体积分数为1%时，人感到气闷，头昏，心悸；当为4%～5%，人时

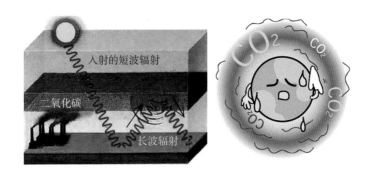

图 3.15　二氧化碳给地球穿上的"塑料膜"

感到眩晕；当在 6% 以上时，人将神志不清、呼吸逐渐停止以致死亡。

二氧化碳的控制首先是从根而治，使用天然气等低碳能源，开发太阳能、氢能、风能、海洋能、水能、地热能等无碳新能源，采用先进技术提高能源转换效率，减少能量生产过程中的二氧化碳的排放；然后是对排放的二氧化碳气体进行捕集，对捕集下来的二氧化碳气体永久地储存或再利用。捕集下

图 3.16　利用植被治疗"发烧"的地球

来的二氧化碳气体用于商业生产，不仅节省处理二氧化碳的费用，而且还可以获得许多有价值的产品，产品的价值弥补了捕集二氧化碳所需的费用。

利用自然界光合作用来吸收并贮藏二氧化碳，是控制二氧化碳最直接且副作用最少的方法。植树造林（在沙漠海滩及盐碱地种植典型的盐土植株），可大大降低大气中的二氧化碳含量，能够让地球不再温室中"发烧"，重返健康。

3.5　臭氧污染看不见，却比 $PM_{2.5}$ 更可怕

臭氧（O_3），和维持全人类生命的氧（O_2）就差一个字，就多一个氧原子，却是石墨和钻石的区别。没错，这两组区别如天上地下一般的东西都是同素异形体，也就是由同一种化学元素构成，但性质却不相同的单质。臭氧是一种有特殊臭味的淡蓝色气体，有强烈的刺激性。在常温、常态、常压下，较低浓度的臭氧是无色气体，当浓度达到15%时，呈现出淡蓝色。

图 3.17　臭氧与氧气示意

因为比氧气多了一个氧原子，所以臭氧的氧化性比氧气更强。什么叫氧化性？切开的苹果放一会儿切面就变成褐色了，因为被空气里的氧气氧化了。臭氧的氧化性比氧气强，到底强到什么程度？自来水、游泳池里的氯气味都闻到过吧？那是消毒用的，要换成臭氧消毒，气味会更重。家庭用的消毒柜上层都是靠臭氧来消毒的。

图 3.18　苹果氧化

臭氧层是在雷电、太阳高能射线辐射等自然条件下产生，距离地面约 30 km 的高空臭氧层，可以吸收紫外线、X 射线、伽马射线等 99% 的短波射线，成为地球的"保护伞"。高空臭氧总量约 33 亿吨，但在整个大气层中所占比重极小——如果将之平铺在地表，厚度不过 3 mm——只有一粒绿豆的高度。但这薄薄一层臭氧，却吸收了大部分对生命有破坏作用的太阳紫外线，对地球生命形成了天然的保护作用。平时常说的臭氧层空洞，指的是高空的臭氧层受到破坏。

近地面的臭氧污染主要来源于人类的生产和生活，走在车水马龙的大街上，我们有时会觉得空气带着浅棕色，还伴随着

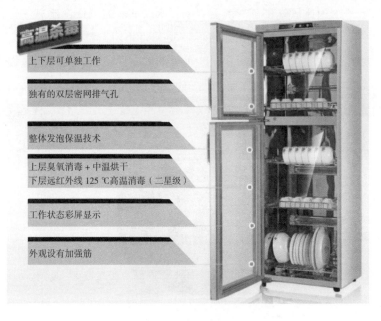

高温杀毒

上下层可单独工作

独有的双层密网排气孔

整体发泡保温技术

上层臭氧消毒＋中温烘干
下层远红外线 125 ℃高温消毒（二星级）

工作状态彩屏显示

外观设有加强筋

图 3.19　臭氧消毒碗柜

辛辣刺激的味道，这就是通常所说的光化学烟雾。臭氧是光化学烟雾里的主要成分之一，臭氧产生于氮氧化物和挥发性有机物之间的光化学反应。挥发性有机物来源于工业排放、机动车尾气、装修、油漆等。盛夏季节，虽然大气较稳定、风小、光照强烈，有时能使天空湛蓝，但是却为臭氧的形成提供了足够的光照和温度。

　　与"张牙舞爪"的雾霾相比，臭氧要"低调"得多，悄悄地"隐藏"在万里晴空中，却成为近几年夏天列入监控指标以来众多城市的大气环境污染元凶。在许多城市，臭氧取代$PM_{2.5}$成为首要污染物。近地面臭氧污染也会对人类健康造成

图 3.20　高空臭氧层阻挡紫外线

图 3.21　臭氧污染对人体产生危害

严重影响，不能因为它的无色无味而掉以轻心。

臭氧几乎能与任何生物组织反应，对呼吸道的破坏性很强。根据加拿大职业健康与安全中心的介绍，"臭氧会刺激和损害鼻黏膜及呼吸道，这种刺激，轻则引发胸闷咳嗽、咽喉肿痛，重则引发哮喘，导致上呼吸道疾病恶化，还可能导致肺功能减弱、肺气肿和肺组织损伤，而且这些损伤往往是不可修复的"。因此，对患有气喘病、肺气肿和慢性支气管炎的人来说，即使暴露在低浓度的臭氧中，都可能对他们产生明显的危害。

同样，臭氧也会刺激眼睛，使视觉敏感度和视力降低。它也会破坏皮肤中的维生素 E，让皮肤长皱纹、黑斑；当臭氧浓度在 200 微克/立方米以上时，会损害中枢神经系统，让人头痛、胸痛、思维能力下降。更严重的还会破坏人体的免疫机能，诱发淋巴细胞染色体病变，加速衰老，致使胎儿畸形。

此外，臭氧会阻碍血液输氧功能，造成组织缺氧；使甲状腺功能受损、骨骼钙化。美国斯克利普斯应用科学研究所的保罗·温特沃斯教授曾经做过研究，发现臭氧会破坏人体的免疫机能，诱发淋巴细胞染色体畸变，损害某些酶的活性和产生溶血反应。

即使对植物来说，臭氧也不是什么受欢迎的好东西。西班牙瓦伦西亚大学的生物学家曾在 2006 年发表了一篇论文，提出臭氧会让植物的叶绿素、类红叶素和碳水化合物浓度降低，对光合作用产生影响，从而降低农作物的产量。

臭氧污染是一个国际性话题。美国洛杉矶经过几十年治理，情况大有好转，但每年仍有几天臭氧超标。与美国单一的臭氧污染不同，我国是臭氧与 $PM_{2.5}$ 交织，相互作用，再加上环保工作刚刚起步，因而治理难度更大。

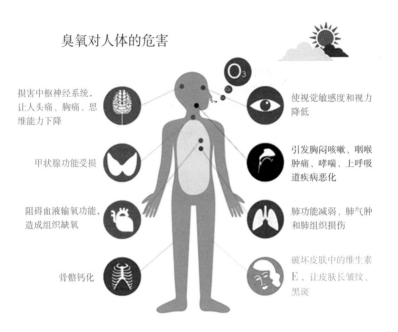

臭氧对人体的危害

损害中枢神经系统，让人头痛、胸痛、思维能力下降

甲状腺功能受损

阻碍血液输氧功能，造成组织缺氧

骨骼钙化

使视觉敏感度和视力降低

引发胸闷咳嗽、咽喉肿痛、哮喘、上呼吸道疾病恶化

肺功能减弱、肺气肿和肺组织损伤

破坏皮肤中的维生素E，让皮肤长皱纹、黑斑

图 3.22　臭氧对人体的危害

　　相关部门应针对臭氧制定详细的标准和政策，将臭氧前体物纳入国家减排指标；加强地面臭氧基础性研究，对地面臭氧的形成机制、传输机制、危害机制及预测预报机制等进行分析研究，为后续政策的制定和臭氧的防控工作提供强有力的理论支持；建立和完善臭氧监测网和监测站点，开展区域联防联控。由于臭氧具有迁移性，联防联控已经成为治理的趋势；借鉴发达国家的治理经验，应加强与发达国家之间的技术交流与合作，从而推进臭氧污染的治理进程。

　　从技术层面上说，治理臭氧前体物的重点应放在"车、

图 3.23　臭氧污染

"油、路、厂"方面：提升汽车尾气排放标准，改善汽车尾气装置，减少排放；提升燃油质量；同时，逐步实现公交车、出租车改用燃气；治理交通拥堵；淘汰落后产能，控制燃煤电厂、水泥、涂料、油墨印刷厂等企业排放的氮氧化合物、挥发物。

中国环境科学研究院专家表示，臭氧前体物也是 $PM_{2.5}$ 二次颗粒物前体的一种，臭氧与 $PM_{2.5}$ 治理应该结合起来综合考虑，不能"头疼医头，脚疼医脚"。此外，鉴于臭氧污染是一种光化学污染，气温高时污染加剧，因而在考虑全球变暖问题时也要加入臭氧的考量。

3.6 挥发性有机物（VOCs）

挥发性有机化合物（volatile organic compounds）的英文缩写 VOCs，是一类在常温下容易挥发的有机物质的总称，这类物质有近万种。按照世界卫生组织的定义，这是沸点在 50～250 摄氏度的化合物，室温下饱和蒸汽压超过 133.32 帕，在常温下以蒸汽形式存在于空气中的一类有机物。美国环境保护局对其的定义是除 CO、CO_2、H_2CO_3、金属碳化物、金属碳酸盐和碳酸铵外，任何参加大气光化学反应的含碳化合物。

图 3.24　VOC 是什么

VOCs 排放来自自然源和人为源。自然源主要为植被排放等；人为源主要包括机动车尾气排放、燃料燃烧和工业活动三大类。近年来，我国工业源 VOCs 排放呈逐年增加趋势，石油化工、包装印刷、家具制造、电子制造、汽车制造等行业

VOCs 污染问题突出。

　　生活中，VOCs 排放几乎跟什么都能挂钩，跟每个人都有关系，较常见的涉及 VOCs 的行业有装饰、汽车汽修、加油站、餐饮业等。汽车加油、尾气排放、维修、清洗，几乎都会排放 VOCs。家里装修时如果用的不是环保的水性涂料而是有机涂料，用的多层板、黏合剂和塑料门窗不合格都会产生如甲醛、苯类的 VOCs；干洗店用到的洗涤剂，最终都以 VOCs 的形式排放到空气中；吃饭烧菜、烧烤、平时用的发蜡发胶、香水都会产生 VOCs。

图 3.25　家装材料排放 VOCs

　　挥发性有机物可以分为烃类 VOCs 和含氧 VOCs。烃类 VOCs 包括烷烃、烯烃、芳香烃；含氧 VOCs 包括醇、醛、酮、酯、醚。苯、甲苯、二甲苯、苯乙烯、三氯乙烯、三氯甲烷、甲醛等都是常见的 VOCs，我国纳入环境监测范围的就有几十

图 3.26　生活中其他常见的 VOCs 排放源

　种。总之，在大家的日常生产、生活中，不经意间就产生并释放了 VOCs，它是伴随我们现代生产生活的副产品。

　　从环保意义上的定义，挥发性有机物是活泼的、会产生危害的那一类有机污染物，常温下以蒸汽形式存在于空气中，活泼性体现在它们多半具有光化学反应性。VOCs 进入空气中，经过阳光的照射将会发生光化学反应形成臭氧，在大气中已经有了过量的二氧化硫、氮氧化物、氨等污染物的情况下，臭氧会导致更严重的光化学污染，形成的 $PM_{2.5}$ 产生雾霾。

　　VOCs 有的对人体有害，有的对人体无害，比如香水（萜烯类为主）对人体无害，但苯、甲醛等具有致癌致畸性。当居室中的 VOCs 超过一定浓度时，在短时间内人们会感到头痛、恶心、呕吐、四肢乏力。如不及时离开现场，会感到以上症状加剧，严重时会抽搐、昏迷，导致记忆力减退。VOCs伤害人的肝脏、肾脏、大脑和神经系统，甚至会导致人体血液系统出问题，患上白血病等其他严重的疾病。当VOCs参与生成臭氧和转化成$PM_{2.5}$时，就会对人体健康产生更加显著的危害。

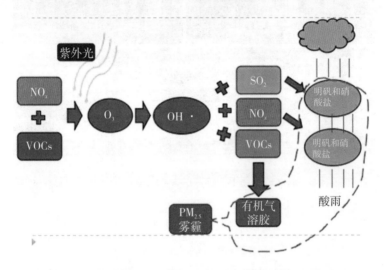

图3.27　氮氧化物、挥发性有机物、臭氧等的相互作用

从源头控制的角度，涂料施工、喷漆、电缆、印刷、粘接、金属清洗等行业如果采用无毒或低毒原材料代替或部分代替有机溶剂，作为原材料的稀释剂或清洗剂，将做到不排或少排有害的VOCs。依赖挥发性溶剂的涂料和装潢工艺，通过其他非挥发性溶剂工艺替代以减少VOCs的形成比末端治理措施更为经济有效。石油在开采、炼制、贮存运输、配给，石油化工厂在生产、储存和运输的各个环节中，都会产生VOCs的排放和泄漏，应采取各种方法回收利用放空气体，改进、改善工

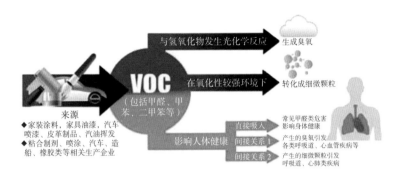

图 3.28　VOCs 的来源和危害

艺设备以减少油品的挥发损失。

　　由于受经济、技术等因素的制约，寻找替代品和革新工艺的措施并不能完全控制 VOCs 的排放。为此，必须采取控制性措施，通过末端治理技术来减少 VOCs 对大气环境的污染。吸附技术、催化氧化技术和热力焚烧技术是传统的有机废气治理技术，也是目前应用最为广泛的 VOCs 治理技术。近年来发展起来的新技术有等离子体技术、UV 光解光催化技术、生物技术等。其中，膜分离法最开始用于水处理，在回收废气中 VOCs 领域的研究工作也是近年来开始的。

3.6.1　甲醛、苯系物和 TVOC

　　在前面"家居废气"一节中我们提到很多不同种类的废气，在本节着重了解一下甲醛、苯系物、TVOC 这三种污染物。

1. 甲醛

2015年4月26日世界无醛日启动仪式在上海隆重举行，每年的4月26日皆为世界无醛日。甲醛，又称蚁醛，为无色无味气体，高浓度甲醛对人眼、鼻等有刺激作用。水溶液的甲醛浓度最高可达55%，通常是40%，俗称福尔马林（formalin），是有刺激气味的无色液体。

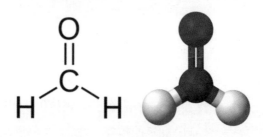

图3.29　甲醛结构示意

室内空气甲醛污染主要来源是人造板材、化纤地毯、窗帘和布艺家具等。人造板材需要用大量胶粘合在一起，而甲醛起的作用就是黏合。因为甲醛具有较强的黏合性，还有加强板材的硬度及防虫、防腐的功能，所以被广泛使用。目前，黏合剂主要成分是脲醛树脂胶黏剂，这种黏合剂是甲醛和尿素的合成物，反应之后的合成物中会有残留的游离甲醛。如果制作过程中工艺不达标，那么游离甲醛含量就会超标，材料安装后，胶中的游离甲醛不断释放。墙漆、壁纸、油漆、窗帘、床垫等材料中的游离甲醛释放周期较短，一般在2周至6个月；生产人造板专用的脲醛树脂胶，其甲醛释放周期长达3～15年，是室内唯一的长期甲醛污染释放源。因此在选购装修板材和家具时，要考虑甲醛的释放问题。

图 3.30　胶黏剂释放甲醛

挥发周期长和毒性大是甲醛的两大特点。

世界卫生组织国际癌症研究机构于 2004 年正式确定甲醛为一级致癌物质，充分证明甲醛会引发鼻咽癌、鼻窦癌、肺癌及血癌（"白血病"）。对人体有以下三点危害：

（1）致敏作用。皮肤直接接触甲醛可引起过敏性皮炎、色斑、坏死，吸入高浓度甲醛时可诱发支气管哮喘。

（2）刺激作用。甲醛的主要危害表现为对皮肤黏膜的刺激作用，甲醛是原浆毒物质，能与蛋白质结合，高浓度吸入时会出现呼吸道严重的刺激和水肿、眼刺激、头痛。

（3）致突变作用。高浓度甲醛还是一种基因毒性物质，实验动物在实验室吸入高浓度甲醛的情况下，可被诱发鼻咽肿瘤。

图 3.31　家居甲醛污染

如果感到嗓子痛、鼻子痛、眼睛睁不开、流眼泪，就可以判定为甲醛超标了。不过这种方法非常不精确，因为甲醛超标4倍才能闻到，所以当你有上述的这些感觉时，很有可能室内甲醛已经严重超标了。

2. 苯系物

苯，分子式为 C_6H_6，相对于水的密度为 0.8765，熔点 5.5 ℃，沸点为 80.1 ℃，为无色至浅黄色透明油状液体，具有强烈芳香气味，是室内挥发性有机熔剂，燃烧时发出光亮，苯蒸气与空气可形成爆炸性混合物，爆炸极限 1.5%～8.0%（体积分数）。

苯系物是家居装修中第二大空气污染物，苯系物为芳香味化合物，具有苦杏仁味道，很多专家都称之为"芳香杀手"。

苯的主要来源是油漆，特别是油性漆。苯还作为溶剂在黏合剂中使用，还有人造香水香精中也含有苯。它是一种透明状特殊香气的装修污染气体，长期生活在有苯的空间里，会导致中枢神经系统麻痹，抑制血小板、红细胞和白细胞的生成，减少血液再造而出现贫血，还会影响女性的生理周期平衡。

图 3.32　涂料油漆释放挥发性有机物

苯的化学性质比较稳定，在常温下以液体形式存在。甲醛聚合物在劣质的板材中会分解，不断生成气态甲醛慢慢释放，污染室内空气。从这个原理上来看，液态的苯是比较容易在短时间内挥发完毕的，而且现在化工的发展，很多溶剂已经不必要用到苯，也就是说，在室内装修方面，苯的用量已经少很多了，加上它的易挥发性，一般情况下，室内的苯是不容易超标的。

苯系化合物已经被世界卫生组织确定为强烈致癌物质，目前室内装饰中大多数都已经用甲苯、二甲苯代替纯苯作为各种胶、油漆涂料和防水材料的溶剂或稀释剂。这些苯系物如果超标同样具有严重危害：甲苯被吸进体内，会使大脑和肾受到损害，毒性还可能会影响腹中胎儿而产生缺陷；二甲苯会造成皮肤干燥、皲裂和红肿，神经系统受损。

3. TVOC

TVOC 就是总挥发性有机化合物（total volatile organic compounds）的简称，特指室内空气检测中的一项指标，和 VOCs 定义类似，是指常温下能够挥发成气体的各种有机化合物的统称。其中，主要气体成分有烷、芳烃、烯、卤、酯、醛等。TVOC 可刺激眼睛和呼吸道，伤害人的肝、肾、大脑和神经系统。TVOC 是三种影响室内空气品质污染中影响较为严重的一种。

TVOC 的主要成分包括苯系物、有机氯化物、氟利昂系列、有机酮、胺、醇、醚、酯、酸和石油烃化合物等。由此可见，TVOC 对人体有害是毋庸置疑的。然而，现实生活中，很多人只知道甲醛，认为装修污染只有甲醛对人体危害最大，这其实大错而特错。其实，装修污染中除了甲醛之外，还有TVOC、苯、氨和氡等。在进行检测时，甲醛、苯、氨、氡和TVOC是最重要的五项指标。如果某项超标，就会给人体带来危害，因此不要以为装修污染只要甲醛没有超标就行了。

TVOC在室内主要来自燃煤和天然气等燃烧产物、吸烟、采暖和烹调等的烟雾，建筑和装饰材料，家具，家用电器，家具、清洁剂和人体本身的排放等。在室内装饰过程中，主要来自油漆、涂料和胶黏剂。

TVOC具有刺激性，而且有些化合物还有基因毒性。目前认为，TVOC能引起机体免疫水平失调，影响中枢神经系统功能，出现头晕、头痛、嗜睡、无力、胸闷等自觉症状；还可能影响消化系统，出现食欲不振、恶心等，严重时可损伤肝脏和造血系统。如果室内的空气质量不佳的话，容易引发的疾病数不胜数，其中最轻的症状就有头痛、眼睛痒、呼吸困难、皮肤过敏、疲劳或呕吐等。同时，孕妇、儿童、老人、患有呼吸系统或心脏毛病的人、办公室白领最容易受到室内污染空气的毒害。

对于以上三种室内废气主要的污染物的解决办法，可以参考家居废气的控制。

（1）源头上，选择环保的建材进行装修。

（2）房间常开门窗，保持室内通风，或者使用净化器，净化室内空气。

（3）在室内种植一些绿色植物，如吊兰、常青藤等，它们能起到吸收废气，净化空气的作用。

（4）使用一些吸附剂，如活性炭。

3.6.2　苯并芘

苯并芘（英文缩写 BaP）又称 3，4 - 苯并芘、苯并［a］芘，是苯与芘糅合而成的一类多环芳烃类化合物。常温下为浅黄色晶状固体，难溶于水，微溶于乙醇、甲醇，易溶于有机溶剂。

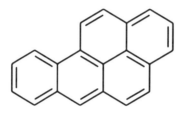

图 3.33　苯并芘结构式

苯并芘是一种致癌物质。1933 年，英国科学家首次从沥青中提取出纯品苯并芘，并在动物实验中诱发小鼠皮肤癌，苯并芘成为首个确切的化学致癌物。国际癌症研究中心曾经列举94 种对实验动物致癌的化合物，其中 15 种属于多环芳烃类，而由于苯并芘分布广泛，致癌性最强，人们经常以苯并芘作为多环芳烃环境污染的标志性物质。

苯并芘等多环芳烃类带来日益广泛的环境污染及食品卫生问题。大气中苯并芘的积累，被怀疑为人类呼吸道肿瘤发病率递增的重要病因。而食品中的苯并芘无论源自何方，达到一定剂量有可能导致人类罹患肝脏和消化道肿瘤。

环境中的苯并芘来源于工业生产过程和生活中煤炭、煤焦油、石油、天然气等燃烧产生的废气，包括香烟烟雾、汽车尾气和焦化、炼油、沥青、塑料等工业污水中，苯并芘通过对水源、大气和土壤的污染进入食物链中。

在熏制、烘烤和煎炸食品中，脂肪、胆固醇、蛋白质和碳水化合物在高温条件下会发生热裂解反应，再经过环化和聚合反应就能够形成包括苯并芘在内的多环芳烃类物质；当食品在烟熏和烘烤过程中发生炭化现象时，苯并芘的生成量将显著增加；经过多次使用的高温植物油、烧焦的食物、油炸过火的食品都会含有苯并芘。有研究报道，在肉类烧烤中所流下的油滴里，苯并芘含量高于动物食品本身含量的 $10 \sim 70$ 倍。

虽然苯并芘对人体健康的危害很大，但不是洪水猛兽，无需太过于担心。这是因为：

（1）苯并芘存在于空气、水和土壤环境中，受自然环境的影响，苯并芘极易降解。在日光的照射下，大气中的苯并芘化学半衰期不足 24 小时；水中的苯并芘在强光照射下半衰期为几小时至几十小时；土壤中苯并芘的降解稍慢，8 天降解 $53\% \sim 82\%$。应注重环境保护，防止环境污染，只有空气、水和土壤中苯并芘含量减少，人体接触苯并芘的概率和数量才会减至最低。

（2）进入食物链的苯并芘取决于烹饪方法，油炸食品苯并芘含量较高，但进入人体组织后，分解速度比较快。苯并芘以原形随粪便或经人体代谢转换排出体外。如果转化为环氧化物者则是激活反应，再经过一系列活化反应，最终成为致癌物。

苯并芘对人体的危害，是一种长期、慢性的刺激作用下的渐变过程，偶尔接触或食入少量苯并芘并不可怕。保护环境，减少污染，可最大限度地降低土壤和水系中苯并芘的蓄积；倡导健康的生活方式，少抽烟、少吃油炸熏烤食品，可大大减少苯并芘对人体的危害。至于偶尔吃一些上述食品并不可怕，大可不必谈其色变。

图 3.34　制冷剂 R12，二氯二氟甲烷

3.6.3　氟利昂

氟利昂，又名氟里昂，名称源于英文 Freon，它是一个由美国杜邦公司注册的制冷剂（Refrigerant）商标。在中国，氟利昂定义存在分歧，一般将其定义为饱和烃（主要指甲烷、乙烷和丙烷）的卤代物的总称，按照此定义，氟利昂可分为

氟氯烃（CFC）、氢氯氟烃（HCFC）、氢氟烃（HFC）这 3 类；有些学者将氟利昂定义为 CFC 制冷剂；在部分资料中氟利昂仅指二氯二氟甲烷（CCl_2F_2，即 R12，CFC 类的一种）。

氟利昂在常温下都是无色气体或易挥发液体，无味或略有气味，不具有可燃性和毒性，化学性质稳定。氟利昂是 20 世纪 20 年代合成的，它们成了冷冻设备、家用冰箱和空调的制冷剂，成了塑料工业中各类硬软泡沫塑料的发泡剂，成了医用、美发、空气清新的气雾剂，还成了烟草工业的烟丝膨胀剂。

图 3.35　氟利昂在生活中的应用

家用电器、泡沫塑料、日用化学品、汽车、消防器材等领域，都可能在无形中产生破坏臭氧层的元凶——氟利昂。

氟利昂在对流层相当稳定，上升进入平流层后，在一定的气象条件下，因强烈紫外线的作用而被分解，含氯的氟利昂分子会分解释放出氯原子（称为"自由基"），不断破坏臭氧分子。

氯原子同臭氧会发生连锁反应，会夺走臭氧分子 O_3 中的一个氧原子，使之变成为普通的氧分子 O_2。每一个氯原子可以把上万个臭氧分子变成普通氧分子。其结果是，高空中由臭氧分子组成的臭氧层就被大大损耗了，出现了臭氧层变薄，甚至臭氧空洞的现象。

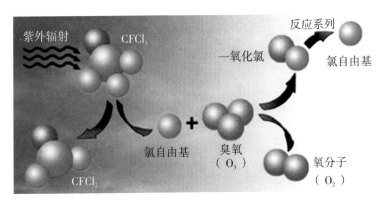

图 3.36　氟氯烃破坏臭氧层的原理示意

地球上已出现很多臭氧层空洞，当大气层上空的臭氧层变薄或出现空洞时，地球的陆地和海面接受的太阳紫外线照射强度会明显增加，这对生命有多种直接危害，主要有：

（1）使微生物死亡；

111

（2）使植物生长受阻，尤其是农作物（如棉花、豆类、瓜类和一些蔬菜）的生长受到伤害；

（3）使海洋中的浮游生物死亡，导致以这些浮游生物为食的海洋生物相继死亡；

（4）使海洋中的鱼苗死亡，渔业减产；

（5）使动物和人的眼睛失明；

（6）使人和动物免疫力降低；

（7）使人的皮肤色斑增多，皮肤癌发病率增高；

（8）促进地球变暖，因为海洋中的浮游生物大量被紫外线杀死后，大气中大量的二氧化碳就不能被吸收了。

科学家认为，臭氧层每损耗1%，地面受太阳紫外线的辐射量就增加2%，人类的皮肤癌发病率将增加5.5%。在接近南极臭氧空洞的澳大利亚和新西兰，皮肤癌发病率明显增加。在智利南部的牧场上，已出现因受到过量紫外线的照射而双目失明的羊。

图3.37　臭氧层破坏对人体的危害

在我国的青藏高原，臭氧层变薄的现象十分明显，那里的白内障发病率明显升高。近年来甚至出现了儿童患白内障的现象。

氟利昂的另一个危害是温室效应。本来地球表面的温室效应的典型来源是大气中的二氧化碳，但大多氟利昂也有类似的特性，而且它的温室效应效果是二氧化碳的数千倍。

自从发现二氯二氟甲烷等 CFCs 会导致臭氧层变得稀薄后，联合国为了避免工业产品中的氟氯碳化物对地球臭氧层继续造成恶化及损害，承续 1985 年保护臭氧层维也纳公约的大原则，于 1987 年 9 月 16 日邀请所属 26 个会员国在加拿大蒙特利尔所签署了《蒙特利尔协定书》，禁止使用 CFCs。

还有四类化学物质具有与氯氟烃相似的"行为"，它们的名称和用途分别是：

（1）哈龙（Halon），用于灭火器具和灭火系统；

（2）四氯化碳（CTC），是制造氯氟烃的原料，也是干洗店常用的干洗剂；

（3）三氯乙烷，也称甲基氯仿（TCA），用于金属元件和电子元件的清洗；

（4）甲基溴（MB），用于农业大棚的熏蒸。

这四类物质挥发性强，在高空中也能分解臭氧分子，与氯氟烃一起，它们被统称为"消耗臭氧层物质"（ozone depleting substances，ODS）。在保护臭氧层的国际公约《蒙特利尔议定书》中，它们被列为"受控物质"，并规定了发展中国家要在 2010 年前淘汰它们。

2016 年 7 月，美国科学家最新研究发现，首次有确实证据证明南极臭氧层的破洞已经开始萎缩，对整个地球环境而言是好消息。

　　研究表明，从 2000 年到 2015 年 9 月间，南极臭氧层破洞的面积减少了 400 万平方公里，相当于印度面积。臭氧层破洞成功修复，大部分可归功于源自 2000 年起禁止使用 CFCs。但大气内仍然残留很多氯，这些氯的生命周期为 50 ～ 100 年，因此估计臭氧层要到 2060 年左右才会完全修复。

小知识——国际臭氧层保护日

　　随着人类活动的加剧，地球表面的臭氧层出现了严重的空洞，1974 年被美国加利福尼亚大学的教授罗兰（F. Sherwood Rowland）和穆连（Mario Molina）发现。保护臭氧层就是保护蓝天，保护地球生命。1995 年 1 月 23 日联合国大会决定，每年的 9 月 16 日为国际保护臭氧层日，要求所有缔约国按照《关于消耗臭氧层物质的蒙特利尔议定书》及其修正案的目标，采取具体行动纪念这个日子。

4 常见废气污染现象

4.1 雾霾

  据 2015 年数据显示，北京全年有 179 个污染天，$PM_{2.5}$ 浓度比起 2014 年同期要高出 75.9%，11 月底北京发布年内首个空气重污染橙色预警，12 月 8 日又发布有史以来第一次霾红色预警，并于 10 天后发布第二次霾红色预警。毗邻北京的河北省在 2015 年 11—12 月内出现 4 次持续性、大范围的雾霾天气，范围覆盖全省 75% 以上。在南方，12 月 2 日深圳的 $PM_{2.5}$ 浓度达到 1500 微克/立方米，达到爆表值的 3 倍。雾霾现象频发引起社会各方重视，雾霾为何产生，又受什么影响，对我们有什么危害，该如何防治等一系列的问题，等待着我们去了解。

4.1.1　雾霾形成影响因素

组成雾霾最主要物质是二氧化硫、氮氧化物及可吸入颗粒物（PM），其中核心物质是可吸入颗粒物。空气中的灰尘、粉末等各类悬浮颗粒使大气混浊、视野恶化。一般地，当相对湿度小于80%时，大气混浊伴随视野模糊导致能见度降低是由霾引起；当相对湿度大于90%时，大气混浊伴随视野模糊导致能见度降低是由雾引起；当相对湿度介于80%～90%之间时，大气混浊伴随视野模糊导致能见度降低是由霾和雾的混合物共同造成。

1. 污染物排放影响雾霾形成

国内雾霾调查普遍显示其成因与燃煤、重工业排放、机动车排放和扬尘等因素有关。除此之外，还有突发性的成因，例如焚烧秸秆造成短时间内$PM_{2.5}$爆表等。大气中$PM_{2.5}$组成极其复杂，涉及30000多种物质（包括硫酸盐、硝酸盐、氨盐、有机物、炭黑、重金属等），真是"小粒子，大世界"。下面我们看看各种污染物是如何对雾霾的产生做出"贡献"的。

（1）$PM_{2.5}$。

很多人会把两者混为一个概念，认为雾霾就是$PM_{2.5}$，其实$PM_{2.5}$只是雾霾的一部分。会有这种概念上的误差，是因为$PM_{2.5}$颗粒物是构成霾的主要成分，对人体的伤害最大，是导致雾霾天气的"罪魁祸首"，故治理雾霾的关键就是解决$PM_{2.5}$问题。由于很多报道或文章常把$PM_{2.5}$作为雾霾的"代名

图4.1　人们对雾霾思考

词"，因此造成大众在观念上出现误差。

　　$PM_{2.5}$对雾霾天气的形成有促进作用，雾霾天气也能加剧$PM_{2.5}$的积聚。在雾霾天中，空气中的湿度较高，雾滴为空气中的二氧化硫、氮氧化物等污染气体提供吸附和反应场所，并最终形成$PM_{2.5}$颗粒物，$PM_{2.5}$的积聚也加速雾霾的生成，两者相互作用。与较粗的大气颗粒物相比，$PM_{2.5}$粒径小，面积大，活性强，易附带有毒、有害物质（例如重金属、细菌等），会为疾病传播推波助澜，且在大气中的停留时间长、输送距离远，因而对人体健康和大气环境质量的影响更大。

　　（2）二氧化硫、氨气和氮氧化物。

二氧化硫对雾霾的影响主要来自其液相化学机制，即二氧化硫在颗粒物或者雾滴上被光照和氧化形成游离的亚硫酸或者硫酸，与空气中大量的氨气结合形成硫酸盐。

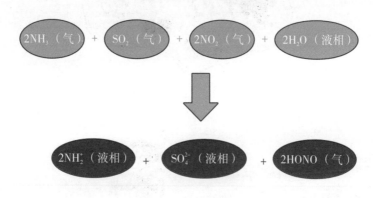

图4.2　霾里硫酸盐形成过程

氮氧化物是涉及环境问题最多的污染物。氮氧化物包括工业直接排放的一氧化氮，它进而生成二氧化氮，二氧化氮也是一种大气污染物；氮氧化物与水汽结合形成硝酸根，这是酸雨的主要成分之一；氮氧化物本身含氮离子，通过沉降等作用成为水体营养物，是水体富营养化的罪魁之一；氮氧化物在大气中是 $PM_{2.5}$ 的前体物和臭氧的前体物，不仅是霾的成因之一，也会诱发光化学污染。

（3）挥发性有机物（VOCs）。

雾霾的形成离不开 VOCs 的辅助，VOCs 是雾霾形成的重要前体物。其最大作用是增加大气环境氧化活性，通俗地来说，含较多挥发性有机物的大气就像活泼外向的年轻人，能跟其他污染物产生更多反应。即在大气中含有过量二氧化硫、氮氧化物、氨等污染物的情况下，VOCs 将成为"诱导"$PM_{2.5}$形成的关键因素之一，导致局部地区或者大范围内的极端空气污染。

2. 其他影响因素

静稳天气（顾名思义，指"平静、稳定的天气"）通常指近地面风速小，大气稳定（伴有逆温）的一种低层大气动力热力特征，大气持续静稳易形成雾霾天气。主要有以下两种因素：

（1）环流因素，如遇大气层结构比较稳定，混合层高度降低，就会形成静稳天气，导致垂直方向无明显扩散，水汽、污染物在近地层堆积。

（2）地形因素，山地、丘陵、盆地等特殊地貌易阻碍空气流通，降低大气自净能力，污染物不易在水平方向传输扩散。像北京、杭州等城市，三面环山，地形呈典型"簸箕状"，容易形成静风逆温等不利气象条件，大气污染物扩散条件差，特别是秋冬季节易出现连续静稳大雾天气，进而引发中、重度污染。

细心的朋友应该注意到了，秋冬季节雾霾频频造访。这是因为秋冬季静稳天气多发。静稳天气是产生雾霾天气的必要不充分条件，通俗来讲，就是静稳天气的"盛情"不一定每次都能"邀来"雾霾天气，但假如雾霾天气来了，那静稳天气必定"功不可没"。

在污染源相对稳定的情况下，逆温、静风等气象条件对雾霾起到推波助澜的作用，导致颗粒物大量聚集而无法及时扩散，再加上缺少雨、雪等可以明显降低颗粒物浓度的条件，最

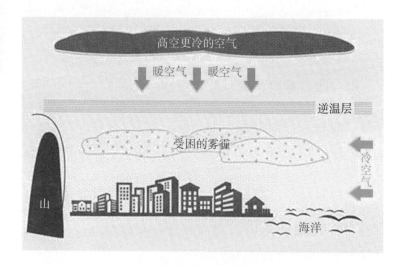

图4.3　静稳天气下雾霾发生示意

	低层大气温度	不稳定能量	大气层结构	大气混合层高度	静稳天气发生频率
夏	高	大	处于不稳定状态	高	少
秋冬	低	小	易形成稳定层结	低	多

图4.4　夏季与秋季天气情况

终推动形成指数爆表的重雾霾天。

　　如今很多城市的污染物排放水平已处于临界点，甚至已经超过环境承载力，对气象条件非常敏感，空气质量在扩散条件较好时能达标，一旦遭遇不利天气条件，空气质量和能见度就会立刻下滑。

 4.1.2　雾霾对人体和环境的危害

雾霾的主要危害主要可归纳为两种：一是对人体产生的危害；二是对交通产生的危害。

1.　对人体产生的危害

（1）对呼吸系统的影响。霾的组成成分非常复杂，包括数百种大气化学颗粒物质。其中，有害健康的主要是直径小于10微米的气溶胶粒子，如矿物颗粒物、海盐、硫酸盐、硝酸盐、有机气溶胶粒子、燃料和汽车废气等，其能直接进入并黏附在人体呼吸道和肺泡中。尤其是亚微米级粒子，会分别沉积于上、下呼吸道和肺泡中，引起急性鼻炎和急性支气管炎等病症。对于支气管哮喘、慢性支气管炎、阻塞性肺气肿和慢性阻塞性肺疾病等慢性呼吸系统疾病患者，雾霾天气可使病情急性发作或急性加重。长期处于这种环境还会诱发肺癌。

（2）对心血管系统的影响。雾霾天对人体心脑血管疾病的影响也很严重，会阻碍正常的血液循环，导致心血管病、高血压、冠心病、脑溢血，可能诱发心绞痛、心肌梗死、心力衰竭等，使慢性支气管炎出现肺源性心脏病等。另外，浓雾天气压比较低，人会产生一种烦躁的感觉，血压自然会有所增高。此外，雾天往往气温较低，一些高血压、冠心病患者从温暖的室内突然走到寒冷的室外，血管热胀冷缩，也可使血压升高，导致中风、心肌梗死的发生。因此，心脑血管病患者一定要按时服药并小心应对。

（3）雾霾天气还可导致近地层紫外线的减弱，使空气中的传染性病菌的活性增强，传染病增多。

（4）不利于儿童成长。由于雾天日照减少，儿童紫外线照射不足，体内维生素 D 生成不足，对钙的吸收大大减少，严重的会引起婴儿佝偻病、儿童生长减慢。

（5）影响心理健康。专家指出，持续大雾天对人的心理有影响。从心理上说，大雾天会给人造成沉闷、压抑的感受，会刺激或者加剧心理抑郁的状态。此外，由于雾天光线较弱及导致的低气压，有些人在雾天会产生精神懒散、情绪低落的现象。

（6）影响生殖能力。有研究表明，长期暴露于高浓度污染的空气中的男性，其精子的体外受精成功率可能会降低。研究人员还发现了有毒空气和男性生育能力下降之间的关联。

（7）雾霾天气更易致癌。近 30 年来，我国公众吸烟率不断下降，但肺癌患病率却上升了 4 倍多，这可能与雾霾天增加有一定的关系。

2. 对交通造成的危害

影响交通安全。雾霾天气时，由于空气质量差，能见度低，容易引起交通阻塞，发生交通事故。在雾霾天气里，行车行走时更应该多观察路况，以免发生危险。

4.1.3 如何防治雾霾现象

2012 年，中国科学院启动了先导科技专项——《大气灰霾的追因与控制》，联合清华大学、北京大学、中国环境科学院的研究队伍，从追因、溯源、模拟、监测技术和控制技术等五个方面开展研究。

一个思路是从源头出发，经过实验室模拟，看看一次排放的污染物如何通过复杂的大气物理化学过程形成二次颗粒物，以及二次颗粒物如何消光致霾；另一个思路是基于外场观测和模式研究相结合来进行溯源研究（图4.5）。

通过科学研究制定科学合理的治理方案，还可以从以下几个角度防治雾霾。

（1）从城市治理角度治理雾霾。雾霾暴露了城市环境的恶化，有以下解决措施：促进城市能源清洁化，大力优化能源结构，全面落实煤改气和煤改电，必须用煤的地方要加强污染控制；城市交通减排，采取各种交通污染治理措施，包括发展天然气汽车和天然气载重卡车，推广城市电动汽车；关注城市周边农村和中小城镇的能源使用与污染排放，加强能源使用的科学性，减少排放。

（2）实施区域联防联控。京津冀地区同处一个气候带，形成一个大的污染团，根治大气污染需要区域联防联控，这需要突破现有以行政单位各自为政的管理制度。欧共体协同治理酸雨和大气污染，美国南加州联防联控遏制光化学大气污染都

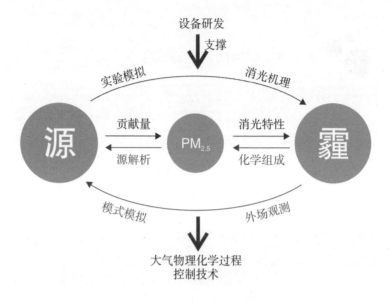

图 4.5　灰霾防治的思路

是成功的范例。

（3）防治雾霾要加强法治。仅靠政府部门、工厂企业和居民团体自觉自律维护大气环境显然不够，要逐步制定落实相应的法律规章，依法治污才有可能长治久安。具体来说，要强化电厂脱硫脱硝的监控，避免"三天打渔，两天晒网"的不彻底现象。同时应建立第三方数据检测，加强管理油品质量。

（4）一次污染源控制要各有侧重。要从源头控制，大力消减 $PM_{2.5}$ 形成前的主要气态物二氧化硫、氮氧化物、一氧化碳、氨和挥发性有机物的排放。控制二氧化硫的重点在工业、采暖和燃煤电厂。氮氧化物的控制重点依次为机动车、燃煤电厂和工业。一氧化碳的控制重点依次为机动车工业和燃煤电厂。挥发性有机物控制应以机动车、无组织（餐厨、干洗店等）排放和工业为主。另外，北方城市的冬季由于受到大规模燃煤采暖的影响，二氧化硫、氮氧化物、一氧化碳和颗粒物较非采暖期相比，呈上升趋势，应在冬季采暖时段加强对这些污染物的控制，而挥发性有机物则在全年都要控制。

雾霾治理需要公众参与。公众行为是面源强度大小的最重要控制因子，首先是所有公民整体素质的提高，小到餐饮出行，大到择业置产，都要考虑到尽量减少污染排放。只有全社会每个人都从自我做起，从点滴小事做起，才有可能保障我们有干净、清新的空气呼吸。

4.2 酸雨

 ### 4.2.1 什么是酸雨？

1872 年英国科学家史密斯分析了伦敦市雨水成分，发现郊区雨水含硫酸铵，市区雨水含硫酸或硫酸盐，整体呈酸性。于是史密斯首先在他的著作《空气和降雨：化学气候学的开端》中提出"酸雨"这一专有名词。

简单地说，酸雨就是酸性的雨。什么是酸？纯水是中性的，没有味道；柠檬水、橙汁有酸味，醋的酸味较大，它们都是弱酸；小苏打水有略涩的碱味，而苛性钠水就涩涩的，碱味

图4.6 英国科学家史密斯首次提出"酸雨"一词

较大，它们是碱。科学家发现酸味大小与水溶液中氢离子浓度有关，而碱味与水溶液中羟基离子浓度有关，于是建立了一个指标：氢离子浓度对数的负值，叫pH。纯水的pH为7；酸性越大，pH越低；碱性越大，pH越高。未被污染的雨雪是中性的，pH近于7；当大气中二氧化碳饱和时，雨雪略呈酸性，pH为5.65。当大气中存在酸性气体污染时，雨的pH小于5.65，叫酸雨；雪的pH小于5.65，叫酸雪；在高空或高山上弥漫的雾，pH小于5.65的叫酸雾。

 4.2.2 酸雨的形成

酸雨是现代工业、农业、交通发展而出现的副产物。由于人类大量使用煤、石油、天然气等化石燃料，燃烧后产生的硫氧化物（SO_x）或氮氧化物（NO_x）与尘埃一起升到高空，通过扩散、迁移、转化而后重力沉降到地面；或者在大气中经过

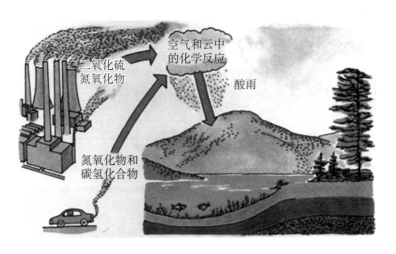

图 4.7 酸雨的形成

复杂的化学反应，形成硫酸或硝酸气溶胶，被云、雨、雪、雾
捕捉吸收，降到地面成为酸雨。

高山区由于经常有云雾缭绕，因此酸雨区高山上森林受害
最重，常成片死亡。硫酸和硝酸是酸雨的主要成分，约占总酸
量的90%以上，我国酸雨中硫酸和硝酸的比例约为 10∶1。

 4.2.3　酸性物质的自然排放源

硫氧化物（SO_x）有四类自然排放源：

（1）海洋雾沫，它们会夹带一些硫酸到空中；

（2）土壤中某些机体，如动物死尸和植物败叶在细菌作
用下可分解某些硫化物，继而转化为 SO_x；

（3）火山爆发，也会喷出可观量的 SO_x 气体；

（4）雷电和干热引起的森林火灾，而树木也含有微量硫，燃烧会产生 SO_x 气体。

氮氧化物（NO_x）有两大类自然排放源：

（1）闪电，高空雨云闪电，有很强的能量，能使空气中的氮气和氧气部分化合，生成一氧化氮（NO），继而在对流层中被氧化为二氧化氮（NO_2），NO_x 即为 NO 和 NO_2 之和；

（2）土壤硝酸盐分解，即使是未施过肥的土壤也含有微量的硝酸盐，在土壤细菌的帮助下可分解出 NO、NO_2 和 N_2O 等气体。

图 4.8　硫氧化物和氮氧化物的自然排放源

4.2.4　酸性物质的人为排放源

酸性物质的人为排放源有：

（1）煤、石油和天然气等化石燃料燃烧。无论是煤、石油或天然气都是由古代的动植物化石在地下埋藏上万年转化而来，故称作化石燃料。因为我国多燃煤，所以我国的酸雨是硫酸型酸雨；而多燃石油的国家则下硝酸雨。

（2）工业过程，如金属冶炼。某些有色金属的矿石是硫化物，铜、铅、锌便是如此，将铜、铅、锌硫化物矿石还原为金属过程中将逸出大量 SO_x 气体，部分回收为硫酸，部分进入大气。再如化工生产，特别是硫酸生产和硝酸生产尾气所排出的带有 NO_x 的废气像一条"黄龙"，在空中飘荡，控制和消除"黄龙"被称作"灭黄龙工程"。再如石油炼制等，也会产生一定量的 SO_x 和 NO_x。

（3）交通运输，如汽车尾气。不同的车型，尾气中 NO_x 的浓度有多有少，机械性能较差的或使用时间已较长的发动机尾气中的 NO_x 浓度较高。汽车停在十字路口，不熄火等待通过，其尾气中 NO_x 的浓度要比正常行车尾气中的高。近年来，我国各种汽车数量猛增，它的尾气对酸雨的"贡献"正在逐年上升，不能掉以轻心。人们常说车祸猛于虎，因为车祸看得见、摸得着，易震撼人心；而污染是无形的影响，短时间感受不到，容易被人忽视。

4.2.5 酸雨的危害

我国酸雨主要分布在长江以南，该地区土壤是偏酸性，森林和植被茂密使大气中颗粒物（偏碱性）难附着土壤表面，对酸雨缓冲能力较差，土壤易酸化。而北方则相反，大面积的土地裸露，没有森林、植被覆盖，风沙侵蚀频繁，大气中颗粒易附着土壤表面，可中和酸雨的侵蚀，土壤偏碱性。

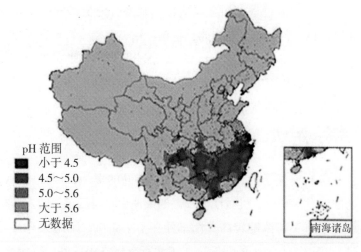

图 4.9　我国酸雨分布（2011 年）

1. 酸雨可导致土壤酸化、农业减产

我国南方土壤本来多呈酸性，再经酸雨冲刷，加速了酸化过程；我国北方土壤呈碱性，对酸雨有较强缓冲能力，一段时间内酸化不了。土壤中含有大量铝的氢氧化物，土壤酸化后，

可加速土壤中含铝的原生和次生矿物风化而释放大量铝离子，形成植物可吸收的形态铝化合物。植物长期和过量的吸收铝，会中毒，甚至死亡。酸雨还能加速土壤矿物质营养元素的流失；酸雨会改变土壤结构，导致土壤贫瘠，影响植物正常发育；酸雨还能诱发植物病虫害，使作物减产。

2．酸雨会导致森林衰退

比较不同年代树木年轮，可知产生酸雨前后对林木生长的影响。在我国南方森林地区，50年前树木生长较为粗壮，近年来状况不佳。酸雨可造成叶面损伤和坏死，早落叶。酸雨还使土壤肥力降低，产量下降，于是林木生长不良，以致单株死亡，进而造成大面积森林衰退。

3．酸雨损坏建筑和文物

酸雨能使非金属建筑材料（混凝土、砂浆和灰砂砖）表面硬化、水泥溶解，出现空洞和裂缝，导致强度降低，从而使建筑物损坏。科学家曾收集许多被酸雨毁害的石灰石和大理石建筑材料，分析发现样品的碳酸盐的颗粒中总是嵌入硫酸钙晶体。硫元素从哪里来？科学家认为与酸雨有关。砂浆混凝土墙面经酸雨侵蚀后，出现"白霜"，经分析这就是石膏（硫酸钙）。

著名的杭州灵隐寺的"摩崖石刻"近年经酸雨侵蚀，佛像眼睛、鼻子、耳朵等剥蚀严重，面目皆非，修补后，古迹不"古"。碑林、石刻大多由石灰岩雕成，遇到酸雨立即起化学反应，酸碱中和，即被腐蚀。酸雨还可使油漆泛白，褪色。给古建筑和仿古建筑带来许多麻烦，缩短粉刷装修的时间周期。受酸雨淋的酚醛磁漆及醇醛磁漆，大约两个月开始变色，失去光泽，部分涂膜脱落锈蚀。

4．酸雨与人体健康

人体耐酸能力高于耐碱能力，如经常用弱碱性洗衣粉洗衣服，不带手套，手就会变得粗糙，皮革工人经常接触碱液，也有类似情况；但皮肤角质层遇酸就好一些。可是，眼角膜和呼吸道黏膜对酸类却十分敏感，酸雨或酸雾对这些器官有明显的刺激作用，导致红眼病和支气管炎，咳嗽不止，还可诱发肺病，这是酸雨对人体健康的直接影响。另外，农田土壤酸化，使本来固定在土壤矿化物中的有害重金属（如汞、镉、铅等）再溶出，继而富集在粮食、蔬菜和水果中，人类长期摄取后易中毒，此为酸雨对人体健康的间接影响。

5．酸雨对水体的危害

酸性降水会将有毒的金属元素，特别是铝迁移到水环境中。研究表明，在水体 pH 降至 5 时，铝的毒性最大。大气酸性降水对水体中的生物也存在直接伤害。水体的 pH 降低，会使鱼类骨骼中的钙流失，骨密度下降，成为"驼背鱼"，影响鱼类的繁殖和生长。当水体 pH 降至 5 以下时，甲壳类动物、浮游生物、软体动物等小生物的生长和繁衍会受到严重抑制。当水体的 pH 降到 4 时，大多数鱼类和水生动物会死亡。能存活于水体中的生物，将是藻类和真菌。

4.2.6　如何控制酸雨不再发生？

酸雨的控制和改善要从实际情况出发，对目前的酸性物质排放加以消减，以求短期见效果；同时考虑根本改革，即能源结构的变更，从根本上解决问题，这在短时间内难以奏效。目前，着手控制酸雨的措施包括限制高硫煤的开采与使用，重点治理火电厂二氧化硫污染，防治化工、冶金、有色金属冶炼和建材等行业生产过程中二氧化硫污染。酸雨控制的根本途径是减少酸性物质向大气的排放，目前的有效手段是使用干净能源，发展水力发电和核电站，使用固硫的型煤，使用锅炉固硫、脱硫、除尘新技术，发展内燃机代用燃料，安装机动车尾气催化净化器，培植耐酸雨农作物和树种等。

 4.2.7 呼吁公众参与环保

我国许多科学工作者为研究我国酸雨的形成规律，贡献了自己的全部精力。中小学生也应该尽可能参与一些环保活动。例如，在校园内种植一些对酸雨敏感的植物，以观测酸雨对环境的影响；筛选和培植抗酸雨经济作物、花卉等以改造环境。环保需要正确的公众舆论，青少年参加环保宣传，因其童心稚语，情真意切，感染力强，形式也较为生动活泼，容易被听众接受。通过办画展、讲故事、设计环保标志、种树养树等活动，培养青少年对环境保护的关注和热爱。

4.3　温室效应

温室效应（greenhouse effect），又称"花房效应"，是大气保温效应的俗称。大气能使太阳短波辐射到达地面，但地表受热后向外放出的大量长波热辐射线却被大气吸收，大气层和地球表面将变得热起来。因其类似于栽培农作物的温室，故名温室效应。

大气中的水蒸气、二氧化碳和其他微量气体，如甲烷、臭氧、氟利昂等，可以使太阳的短波辐射几乎无衰减地通过，但却可以吸收地球表面释放的长波辐射热量，把热量暂时保存起来，就像给地球穿上了一件保暖羽绒服。大气中能产生温室效应的气体已经发现近 30 种，其中二氧化碳（CO_2）起重要的作用，甲烷（CH_4）、氟利昂（CFCs）和氧化亚氮（N_2O）也起相当重要的作用。如图 4.10 所示。

表 4.1　主要温室气体及其特征（1998 年全球环境基金数据）

气体	大气中浓度/$mg \cdot L^{-1}$	年增长/%	生存期/年	温室效应（以 CO_2 为1）	现有贡献率/%	主要来源
CO_2	355	0.4	50～200	1	55	煤、石油、天然气、森林砍伐

续上表

气体	大气中浓度/mg·L^{-1}	年增长/%	生存期/年	温室效应（以 CO_2 为1）	现有贡献率/%	主要来源
CFC	0.00085	2.2	50 ~ 102	3400 ~ 15000	24	发泡剂、气溶胶、制冷剂、清洗剂
CH_4	1.714	0.8	12 ~ 17	11	15	湿地、稻田、化石、燃料、牲畜
NO_x	0.31	0.25	120	270	6	化石燃料、化肥、森林砍伐

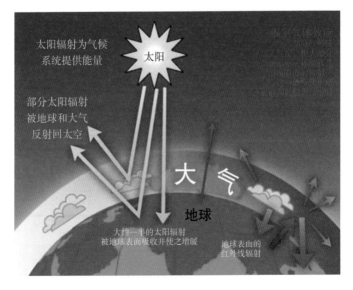

图 4.10　温室效应的原理

在地质史上，地球的气候发生过显著的变化。大约一万年前，最后一次冰河期结束，地球的气候相对稳定在当前人类习以为常的状态。自工业革命以来，人类向大气中排入的二氧化碳等吸热性强的温室气体逐年增加，大气的温室效应也随之增强，其引发的一系列问题已引起了全世界各国的关注。目前，国际社会所讨论的气候变化问题，主要是指温室气体增加产生的气候变暖问题。

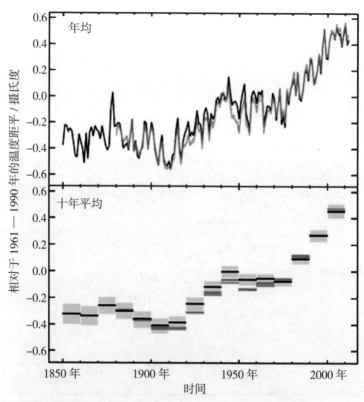

图 4.11　观测到的全球平均陆地和海表温度距平变化

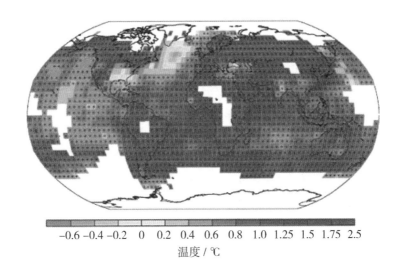

$$-0.6 \ -0.4 \ -0.2 \ \ 0 \ \ 0.2 \ \ 0.4 \ \ 0.6 \ \ 0.8 \ \ 1.0 \ \ 1.25 \ \ 1.5 \ \ 1.75 \ \ 2.5$$

温度 / ℃

图 4.12　观测到的地表温度变化

　　温室效应主要是由于现代化工业社会过多燃烧煤炭、石油和天然气，这些燃料燃烧后放出大量的二氧化碳气体进入大气造成的。来源如图 4.13 所示。

　　温室效应使地球表面的温度上升，引起全球性气候反常。如果地球表面温度升高的速度继续发展，科学家们预测：到 2050 年，全球温度将上升 2～4 ℃，南北极地冰山将大幅度融化，导致海平面上升，使一些岛屿国家和沿海城市淹没于海水之中，其中包括国际大城市：纽约、上海、东京和悉尼。

　　针对大气温室效应造成的全球变暖的对策主要有三个方面。

　　第一，减少大气中的二氧化碳含量。目前，最切实可行的办法是广泛植树造林，加强绿化；停止滥伐森林。用植物的光

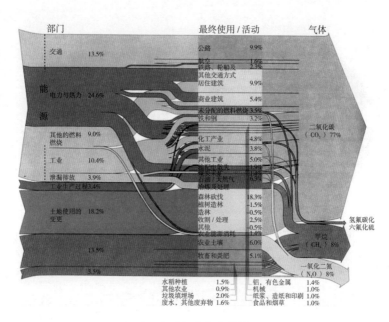

部门		最终使用/活动		气体	
交通	13.5%	公路	9.9%	二氧化碳 (CO₂) 77%	
		航空	1.6%		
		铁路、轮船及其他交通方式	2.3%		
		居住建筑	9.9%		
电力与热力	24.6%	商业建筑	5.4%		
		未分配的燃料燃烧	3.5%		
能源		铁和钢	3.2%		
其他的燃料燃烧	9.0%	化工产业	4.8%		
		水泥	3.8%		
工业	10.4%	其他工业	5.0%		
泄漏排放	3.9%	煤炭开采			
工业生产过程	3.4%	石油/天然气精炼及处理	6.3%		
		森林砍伐	18.3%		
		植树造林	-1.5%	氢氟碳化 六氟化硫	
		造林	-0.5%		
土地使用的变更	18.2%	收割/处理	2.5%	甲烷 (CH₄) 8%	
		其他	-0.5%		
		农业能源消耗	1.4%		
	13.5%	农业土壤	6.0%		
	3.5%	牧畜和粪肥	5.1%	一氧化二氮 8%	

水稻种植	1.5%	铝，有色金属	1.4%
其他农业	0.9%	机械	1.0%
垃圾填埋场	2.0%	纸浆、造纸和印刷	1.0%
废水，其他废弃物	1.6%	食品和烟草	1.0%

4.13　全球温室气体排放流程

合作用大量吸收和固定大气中的二氧化碳。还有其他利用化学反应来吸收二氧化碳的办法，但在技术上还在攻克过程中，经济上更难大规模实行。

第二，适应新的室温环境。这是无论如何都必须考虑的问题。除了建设海岸防护堤坝等工程技术措施防止海水入侵外，有计划地逐步改变当地农作物的种类和品种，以适应逐步变化的气候。由于气候变化是一个相对缓慢的过程，只要能及早预测出气候变化趋势，适应对策是能够找到并顺利实施的。

第三，削减二氧化碳的排放量。这就是 1992 年巴西里约热内卢世界环境与发展大会上，各国领导人共同签字的《气候变化框架公约》的主要目的。该公约要求，在 2000 年，发达国家应把二氧化碳排放量降回到 1990 年水平，并向发展中国家提供资金，转让技术，以帮助发展中国家减少二氧化碳的排放量。因为近百年来全球大气中二氧化碳浓度的迅速升高，绝大部分是发达国家排放造成的。发展中国家首先是要脱贫、发展，发达国家有义务这样做。

4.4　光化学烟雾

　　光化学烟雾是汽车、工厂等污染源排放的污染物，在阳光（紫外光）作用下所形成的烟雾污染现象，是碳氢化合物在紫外线作用下生成的有害浅蓝色烟雾。光化学烟雾可随气流漂移数百公里，使远离城市的农作物受到损害。光化学烟雾的浓度，除受太阳辐射强度影响外，还受该地的纬度、海拔高度、季节、天气和大气污染状况等条件的影响。光化学烟雾多发生在阳光强烈的夏秋季节，光化学烟雾有一个循环过程，白天生成，傍晚消失。

　　参与光化学反应过程的一次污染物和二次污染物的混合物称之为光化学烟雾。光化学反应生成的二次污染物主要有过氧乙酰硝酸酯（PAN）和臭氧。过氧乙酰硝酸酯（PAN）为强氧化剂，常温下为气体，易分解生成硝酸甲酯（CH_3ONO_2）、二氧化氮（NO_2）、硝酸（HNO_3）等。大气中 PAN 浓度的水平和臭氧浓度是衡量光化学烟雾污染程度的重要指标。

图 4.14 光化学烟雾的形成

 4.4.1 光化学烟雾的"前世今生"

　　20 世纪 30—60 年代，危害最大的所谓"八大公害事件"中有四起是化学烟雾所致，美国洛杉矶光化学烟雾事件是其中之一。洛杉矶在 20 世纪 40 年代就拥有 250 万辆汽车，每天大

图 4.15　城市上空的光化学烟雾

约消耗 1100 吨汽油，排出 1000 多吨碳氢化合物、300 多吨氮氧化合物（NO_x）、700 多吨一氧化碳（CO）。另外，还有炼油厂、供油站等其他石油燃烧排放，这些化合物被排放到阳光明媚的洛杉矶上空，制造了一个"毒烟雾工厂"。

二十世纪七八十年代，兰州西固区出现国内首个光化学烟雾污染，此后，京津唐、珠三角、长三角地区均发生过光化学烟雾污染。近些年，光化学污染越发严重，发生次数越来越多。在晴天，天气比较稳定的时候，$PM_{2.5}$ 和臭氧浓度都非常高，易形成雾霾和光化学烟雾的混合污染状态。

 4.4.2　光化学烟雾的主要危害

光化学烟雾的成分非常复杂，但是对人类、动植物和材料有害的主要是臭氧、PAN 和丙烯醛、甲醛等二次污染物。臭氧、PAN 等还能造成橡胶制品的老化、脆裂，使染料褪色，并损害油漆涂料、纺织纤维和塑料制品等。其危害主要表现在三个方面。

1. 损害人和动物的健康

人和动物受到的主要伤害是眼睛和黏膜受刺激、头痛、呼吸障碍、慢性呼吸道疾病恶化、儿童肺功能异常等。

光化学烟雾中的臭氧是一种强氧化剂，在 0.1×10^{-6} m/L 浓度时就具有特殊的臭味，并可达到呼吸系统的深层，刺激呼吸道黏膜，引起化学变化，其作用相当于放射线，使染色体异常，使红细胞老化。

光化学烟雾中的 PAN、甲醛、丙烯醛等产物对人和动物的眼睛、咽喉、鼻子等有刺激作用。此外，光化学烟雾能使哮喘病患者哮喘发作，能引起慢性呼吸系统疾病恶化、呼吸障碍等症状。长期吸入氧化剂会降低人体细胞的新陈代谢，加速人的衰老。经常接触 PAN 试剂还可能导致皮肤癌。

2. 影响植物生长

光化学烟雾中的臭氧影响植物细胞的渗透性，可导致高产农作物丧失高产性能，甚至失去遗传能力。植物受到臭氧的损害，开始时表皮褪色，呈蜡质状，经过一段时间后色素发生变化，叶片上出现红褐色斑点。光化学烟雾中的 PAN 使叶子背面呈银灰色或古铜色，降低植物对病虫害的抵抗力。

3. 影响材料质量

光化学烟雾会促使酸雨形成，造成橡胶制品老化、脆裂，使染料褪色，建筑物和机器受腐蚀，并损害油漆涂料、纺织纤维和塑料制品等。因平流层臭氧损耗导致阳光紫外线辐射的增加会加速建筑、喷涂、包装及电线电缆等所用材料，尤其是聚合物材料的降解和老化变质。特别是在高温和阳光充足的热带地区，这种破坏作用更为严重。

 ### 4.4.3　光化学烟雾的预防措施

1. 控制污染源，减少氮氧化物和碳氢化合物污染源的排放

预防光化学烟雾主要是控制污染源，减少氮氧化物和碳氢化合物的排放。NO_x 的主要来源是燃煤，近 70% 来自煤炭的直接燃烧，可见固定源是 NO_x 排放的重要来源。因此控制固定源的排放尤为重要。为此应采取以下措施：

（1）改善能源结构。推广使用天然气和二次能源，如煤气、液化石油气、电等，加强对太阳能、风能、地热等清洁能源的利用。

（2）发展区域集中供暖供热。设立规模较大的热电厂和供热站，取缔市区矮小烟囱。

（3）推广燃煤电厂烟气脱氮技术。如选择性催化还原法、非选择性催化还原法和吸收法。选择性催化还原法是以金属铂的氧化物作为催化剂，以氨、硫化氢和一氧化碳等为还原剂，选择最佳脱硝反应温度，将烟气中的氮氧化物还原为氮气。非选择性催化还原法与选择性催化还原法不同的是非选择性控制一定的反应温度，在将烟气中的氮氧化物还原为氮气的同时，一定量的还原剂还与烟气中的过剩氧发生反应。吸收法是利用特定的吸收剂吸收烟气中的一氧化氮。根据所使用的吸收剂，可分为直接吸收法、氧化吸收法、氧化还原吸收法、液相吸收还原法和络合吸收法等。

2. 减少机动车尾气的排放

一氧化氮和碳氢化合物的另一个重要来源是机动车尾气的排放。当燃料在发动机汽缸里进行燃烧时，由于内燃机所用的燃料中含有碳、氢、氧之外的杂质，使内燃机的燃烧不完全，排放的尾气中含有一定量的一氧化碳、碳氢化合物、一氧化氮、微粒物质和臭气（甲醛、丙烯醛等）。因此控制机动车尾气排放对于预防光化学烟雾有很大的积极作用。

3. 利用化学抑制剂

使用化学抑制剂的目的是消除自由基，以抑制链式反应的进行，从而控制光化学烟雾的形成。在大气中喷洒 0.05 10^{-6}m/L 的二乙基羟胺，能有效抑制光化学烟雾，有利于环保。但在使用的过程中，要注意抑制剂对人体和动植物的毒害作用，并注意防止抑制剂产生二次污染。

4. 植树造林

实验证明，树木能在一定浓度范围内吸收各种有毒气体，使污染的空气得以净化。因此，应大力提倡植树造林，绿化环境。

4.5 恶臭

恶臭是指一切刺激嗅觉器官引起人们不愉快及损害生活环

境的气体物质。恶臭是一种感觉公害，既污染环境，又危害人体健康。

恶臭物质种类众多，据统计有 4000 多种，特别是化工、制药、食品加工、垃圾处理等行业排放的恶臭物质少则十几种，多达上百种。恶臭物质还来源于制纸、制革、肥料、铸造等工业。恶臭物质分布很广，影响范围大，已成为一些国家的公害。

恶臭气态污染物具有高挥发性及亲水亲脂性，致臭原因是含有特征发臭基团，强烈的气味容易对人体造成直接的感官影响。恶臭对人的呼吸系统、循环系统、消化系统、内分泌系统、神经系统都有不同程度的损害。恶臭还会使人烦躁不安，工作效率减低，判断力和记忆力下降。高浓度恶臭物质突然袭击，有时会把人当场熏倒，造成事故。

恶臭扰民亦危害健康，公众对恶臭的投诉已占环境投诉的三成以上。而现行国家标准《恶臭污染物排放标准》（GB 14554—1993）对恶臭的控制仅纳入了 8 种污染物，长期以来所沿用的人工感官式的检测方法，很难对恶臭气体的组分做量化分析，已远远不能满足实际应用的需要。

恶臭气体从其组成可分为五类。一是含硫化合物，如硫化氢、硫醇类、硫醚类等；二是含氮的化合物，如氨、胺类、酰胺、吲哚类等；三是卤素及其衍生物，如氯气、卤代烃等；四是烃类，如烷烃、烯烃、炔烃、芳香烃等；五是含氧的有机物，如酚、醇、醛、酮、有机酸等。其中，无机物有硫化氢和氨等，绝大多数恶臭气体为有机物质。

通常这些气体会在我们日常生活中的一些污染企业中散发

图 4.16　嗅辨师用三点比较式臭袋法检测样品

出来，例如污水处理厂、造纸厂等，那么我们该如何避免这些恶臭气体给我们带来危害？防控恶臭气体，可考虑用自动在线监测替代人工检测的方式，并建立标准与人工检测比对，确定技术规范。此外，还要建立恶臭气体的评价方法，对不同的超标等级进行划分，最后要区分发味的物质来源是什么，针对排放源进行控制和治理。

针对排放源进行控制和治理是去除恶臭气体最直接的方法，恶臭气体净化常见的方法有四种。

（1）吸收法。

吸收法是将废气收集和输送到多级交叉流洗池，在交叉流洗池中，气体水平地通过一个或多个填料床后得到净化。填料从顶部清洗，清洗液喷淋在填料顶部，流过填料后进入清洗水箱。在各级清洗液分别加入酸、碱和氧化剂等化学药剂，去除如氨、硫化氢和硫醇类物质及难分解的脂肪酸等。

吸收法的优点是污染物质处理效率高、设备占地面积小、可单独或多级组合使用，各级投加不同的药剂，可同时处理废气内不同的污染物。吸收法适用于水溶性污染物较多的场合，处理效率可达 95% ～ 99%。该法的缺点是运行费用高，需专人操作，会产生二次污染，对难溶性废气处理效果差。

（2）吸附法。

吸附是一种固体表面现象。它是利用多孔性固体吸附剂处理气态污染物，使其中的一种或几种组分在分子引力或化学键力的作用下被吸附在固体表面，从而达到分离的目的。其中，利用活性炭多微孔的吸附特性吸附有机废气是一种最有效的工业处理手段。活性炭是许多具有吸附性能的碳基物质的总称，具有优异和广泛的吸附能力。活性炭能吸附绝大部分有机气体，如苯类、醛酮类、醇类、烃类及恶臭物质等。同时，由于活性炭的孔径范围宽，即使对一些极性吸附质和一些特大分子的有机物质仍表现出它优良的吸附能力，如在二氧化硫、氮氧化物、氯气、硫化氢、二氧化碳等废气的治理中。由于活性炭具有饱和性，需定期更换。

（3）等离子体法。

等离子体是物质存在的第四形态。它是由电子、离子、中性原子、激发态原子、光子和自由基等组成，是导电性流体。等离子体净化技术的主要机理是：在外加电场的作用下，电子获得能量后，开始加速运动，以每秒钟 300 万次至 3000 万次的速度去撞击异味气体分子，当电子的能量与异味气体分子的某一化学键键能相同或略大时，发生非弹性碰撞，电子将大部分动能转化为污染物分子的内能，从而引发了使其发生电离、裂解或激发等一系列复杂的物理、化学反应，使产生臭味的基团化学键断裂，从而达到除臭目的。

（4）微生物降解法。

微生物除臭技术是利用能够转化或者降解恶臭物质的特殊微生物的高效吸附、吸收和降解作用，将废气中硫化氢、硫醇和氨气等恶臭成分分解成二氧化碳和水等无害无臭的物质，达到改善空气质量、保护人民身体健康的目标。

其主要优点是：处理效果好，能满足世界各地严格的环保要求；无二次污染；运行稳定，耐冲击负荷；维修维护量少；能耗小、运行费用低；组装式池体，增加处理容量。主要缺点是：投资高、处理气体单一、占地面积较大、处理效果不是很稳定。

4.5.1 垃圾焚烧处理厂有臭味吗？如何控制恶臭？

生活垃圾中有机物的腐烂分解，不可避免地将产生恶臭污染。恶臭污染源主要来自进厂的原始垃圾，垃圾运输车在卸料过程中和垃圾堆放在垃圾储坑内散发出带恶臭的气体，其主要成分为硫化氢、氨等。

为了控制焚烧厂产生的恶臭，可以采取以下措施：

（1）垃圾本身是有臭味的，采用密闭性、具有自动装卸结构的运输车来运输垃圾，尽量减少臭味外溢。

（2）垃圾运输车进入车间后，通过卸料门将垃圾倾倒进

图 4.17　生活垃圾处理

垃圾坑中。垃圾卸料门为电动提升式，由专人控制，运输车完成卸料后及时关闭，使垃圾坑密闭化。

（3）垃圾卸料大厅总入口设置空气幕，以防止臭气外逸。

（4）垃圾坑为密闭式，风机的吸风口设置于垃圾坑上方，使垃圾坑和卸料大厅处于负压状态，这样不但能有效地控制臭气外逸，又能同时将恶臭气体作为燃烧空气引至焚烧炉，恶臭气体在焚烧炉内高温分解，气味得以清除。为避免臭气外逸，垃圾坑厂房为封闭厂房。

（5）在厂区四周种植一定数量的高大乔木，减少影响。

（6）为防止在全厂停炉检修期间，垃圾坑的臭气对周围环境的污染，坑内臭气经活性炭废气净化器净化后排至室外。定期对净化器出口的臭气浓度进行检测，当臭气出口浓度达到国标控制限值，及时更换净化器内的活性炭，废弃的活性炭将

与生活垃圾混合进入焚烧炉内进行高温焚烧处理。

（7）渗滤液处理系统为密闭结构，顶部设导气管，产生的沼气及臭气通过导气管、抽风机导入垃圾储坑。

5　工业有机废气防治技术

　　"3.6　挥发性有机物（VOCs）"一节中提到的控制技术实际上就是从源头、过程、末端三个环节入手，实施替代或减排来减少污染物的产量。源头控制是指使用无毒无害的原材料代替或部分代替产生 VOCs 的原材料；过程控制是针对 VOCs 的产生过程，从 VOCs 产生的原理上减少 VOCs 的排放，一般通过工艺提升、技术改造和泄漏控制来实现；末端控制则是针对 VOCs 的物理化学特性，利用燃烧、分解、回收等方法来控制 VOCs 的排放。

　　生态环境部在 2019 年 6 月和 7 月先后发布的《挥发性有机物无组织排放控制标准》《重点行业挥发性有机物综合治理方案》中明确指出，企业新建治污设施或对现有治污设施实施改造，应依据排放废气的浓度、组分、风量、温度、湿度、压力，及生产工况等，合理选择治理技术。鼓励企业采用多种技术的组合工艺，提高 VOCs 治理效率。低浓度、大风量废气，宜采用沸石转轮吸附、活性炭吸附、减风增浓等浓缩技术，提高 VOCs 浓度后净化处理；高浓度废气，优先进行溶剂回收，难以回收的，宜采用高温焚烧、催化燃烧等技术。油气

（溶剂）回收宜采用冷凝＋吸附、吸附＋吸收、膜分离＋吸附等技术。低温等离子、光催化、光氧化技术主要适用于恶臭异味等治理；生物法主要适用于低浓度 VOCs 废气治理和恶臭异味治理。非水溶性的 VOCs 废气禁止采用水或水溶液喷淋吸收处理。采用一次性活性炭吸附技术的，应定期更换活性炭，废旧活性炭应再生或处理处置。有条件的工业园区和产业集群等，应推广集中喷涂、溶剂集中回收、活性炭集中再生等，加强资源共享，提高 VOCs 治理效率。

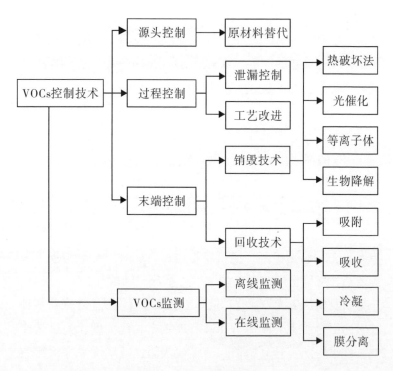

图 5.1　VOCs 控制技术

（1）VOCs 排放的源头控制。

对于涂料加工、钣金喷漆、印刷、金属清洗等行业在生产过程中用到的有机溶剂挥发所产生的 VOCs，采用无毒或低毒、不易挥发的原材料代替有机溶剂来减少这类 VOCs 的排放。

（2）VOCs 排放的过程控制。

以改进工艺技术和更新运行设备为主的预防，是实现 VOCs 减排的最佳选择。石油化工行业在原油开采、油品储存、运输、配给等生产环节，易发生油品或溶剂的蒸发散逸损耗，是 VOCs 的重要排放源。针对 VOCs 的蒸发逸散控制技术包括浮顶罐技术、蒸汽回收、加油站气回收等，这类控制技术在我国石化行业应用普遍。

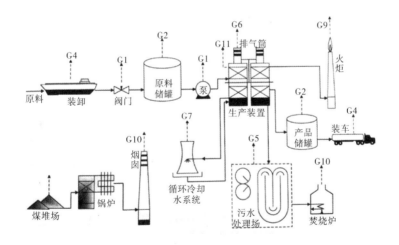

图 5.2　石化废气污染源

泄漏检测与修复（leak detection and repair，LDAR）技术是对工业生产活动中装置泄漏现象进行发现和维修的一种技术。国外企业实施 LDAR 技术多年，建立了完善的 VOCs 泄漏检测方法和散逸排放评估体系，而我国尚处于起步阶段。目前，已有多家石化和炼化企业引入 LDAR 技术，开展无泄漏管理系统、泄漏检测和修复系统等。

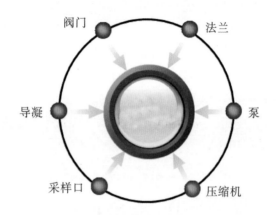

VOCs无组织排放点源

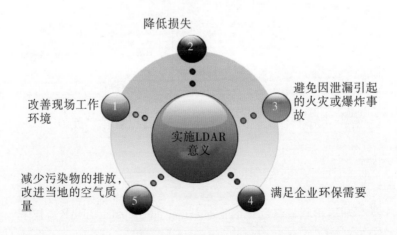

图 5.3　实施 LDAR 的对象及意义

　　此外，改进生产工艺减少有机产品的使用也是VOCs过程控制的一个有效途径。以喷涂工艺为例，用涂布效率较高的静电式喷涂取代效率较低的气雾式喷涂，可将涂布效率提高30%～40%，既可以节省涂料用量，又能减少喷涂过程中VOCs的释放。然而，减少散逸、寻找替代产品和工艺改革并不能完全控制VOCs的排放，也在一定程度上受到经济、技术条件的制约，因此必须配合有效的末端处理技术，对VOCs排放进行综合治理。

　　（3）VOCs的销毁技术。

　　VOCs的销毁技术主要是利用VOCs可被氧化的化学特性，通过给予一定的条件，如燃烧、催化等，使其转化为对环境无害的二氧化碳和水。各种销毁技术和原理见表5.1。

表5.1　VOCs销毁处理技术原理

方法		主要原理
热破坏	直接燃烧	利用辅助燃料燃烧放出热量，将气体加热到要求的氧化净化温度，使废气及其他可燃组分在高温下氧化成二氧化碳和水
	催化燃烧	在催化剂的作用下，废气中的可燃组分在较低温度下进行燃烧氧化，转变为二氧化碳和水
等离子体		在非均匀电厂中，用较高的电场强度使气体产生"电子雪崩"，出现大量自由电子。电子在电场力的作用下加速运动获得能量，当电子所含能量高于有机物键能时，就可以打破这些键，从而破坏有机物的结构。同时，电晕放电可以产生以臭氧为代表的具有强氧化能力的物质，氧化有机物

续上表

方法	主要原理
光催化	在特定的光源照射下，使吸附在催化剂表面 VOCs 废气氧化，生成二氧化碳和水
生物技术	利用微生物对废气中的污染物进行消化代谢，将污染物转化为无害的水、二氧化碳及其他无机盐类

（4）VOCs 的回收技术。

VOCs 的回收技术主要是利用 VOCs 的物理性质，利用吸收、吸附、冷凝等方法将 VOCs 从废气中分离出来，再采取一定手段将 VOCs 富集回收处理，以达到 VOCs 排放的末端治理。

吸附法是利用固体表面存在的分子吸引力和化学键作用力，将 VOCs 组分吸附在多孔性固体表面，从而将 VOCs 从废气中分离的一种净化方法。这种方法由于吸附剂的选择性较强，分离效果好而得到广泛应用。

吸收法主要是采用低挥发或不挥发溶剂对 VOCs 进行吸收，再利用 VOCs 分子和吸收剂物理性质的差异进行分离。吸收效果主要取决于吸收剂的性能和设备的结构。

冷凝法是利用 VOCs 在不同温度下具有不同饱和蒸气压这一性质，采用降低温度、提升压力或者兼备降温升压两种条件的方法，使处于废气状态的 VOCs 冷凝进而与废气分离。冷凝法常作为其他方法处理高浓度有机气体的前净化处理。

膜分离法是利用有机废气通过半透膜的能力与速度不同而得到分离的方法。

5.1 吸附技术

吸附法是利用固体表面存在的分子吸引力和化学键作用力，将 VOCs 组分吸附在多孔性固体表面，从而将 VOCs 从废气中分离的一种净化方法。

根据吸附质和吸附剂之间吸附力的不同，吸附技术分为物理吸附和化学吸附两大类。物理吸附又称范德华吸附，是吸附剂分子与吸附质分子间吸引力作用的结果，因其分子间的结合力较弱，故容易脱附，如固体和气体之间的分子引力大于气体

图 5.4 利用粘尘滚去除衣物上的杂物

内部分子之间的引力，气体就会凝结在固体表面上，当吸附过程达到平衡时，吸附在吸附剂上的吸附质的蒸汽压等于它在气相中的分压。化学吸附是由吸附质与吸附剂分子间化学键的作用所引起，其间的结合力比物理吸附大得多，放出的热量也大得多，与化学反应热数量级相当，过程往往不可逆，化学吸附在催化反应中起着重要作用。在生活中，吸附技术的原理的应用就是我们用透明胶带或粘尘滚等工具，除掉刚洗好的衣服上黏着的杂物。

图 5.5 常见各类吸附剂

吸附法的吸附效果主要取决于吸附剂性质、气相污染物种类和吸附系统工艺条件（如操作温度、湿度等因素），因而吸附法的关键问题就在于对吸附剂的选择。通常固体都具有一定的吸附能力，但只有具有很高选择性和很大吸附容量的固体才能作为工业吸附剂。吸附剂要具有密集的细孔结构，内表面积大，吸附性能好，化学性质稳定，耐酸碱、耐水、耐高温高压，不易破碎，对空气阻力小。常用的吸附剂主要有活性炭颗粒/纤维、分子筛、硅胶、活性氧化铝等。

沸石

沸石（zeolite）是一种矿石，最早发现于 1756 年。瑞典的矿物学家克朗斯提（Cronstedt）发现有一类天然硅铝酸盐矿石在灼烧时会产生沸腾现象，因此命名为"沸石"（瑞典文 zeolit）。1932 年，McBain 提出了"分子筛"的概念，表示可以在分子水平上筛分物质的多孔材料。虽然沸石只是分子筛的一种，但是沸石在其中最具代表性，因此"沸石"和"分子筛"这两个词经常被混用。沸石是一种天然矿物，以晶体形式存在。天然沸石由含钠、钙、钾或钡的含水铝硅酸盐构成。天然沸石具有亲水性，易于吸收水分。

理想的吸附剂应该具有较强的吸附能力（一般来说表面积大的平衡吸附量也大），良好的吸附选择性，容易解吸（即平衡吸附量与温度或压力具有较敏感的关系），有一定的机械强度和耐磨性，性能稳定，价格便宜。

一般活性炭吸附脱附系统组成如图 5.6 所示，有气体预处理、吸附、循环加热脱附、冷凝回收和自主控制阀门等。VOCs 通过热阻器等预处理后进入吸附段，达标后排出。吸附段一般有两个或两个以上的吸附罐并联，实现气体吸附连续操作。吸附层饱和后切换再生循环回路，通入惰性气体氮气，加热器进行加热形成高温循环气流对吸附层进行脱附，通过分流冷凝器对有机气体进行冷凝回收利用。

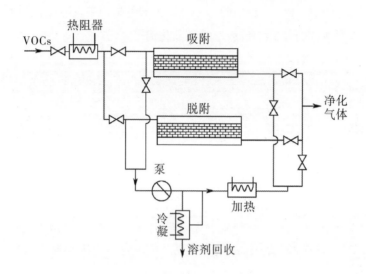

图5.6 吸附技术工艺流程

该工艺一次性投入较少，但吸附剂一般寿命不长，需要不断更换，运行成本高，解析脱附过程会产生二次污染，因此吸附剂脱附技术是降低成本和减少二次污染的关键。目前工业采用活性炭吸附集中再生技术解决这个问题。

吸附剂吸附VOCs同时极易吸收气体中的水分，导致吸附饱和，故工业上吸附法处理的气体湿度不能太大。对一些低浓度、气体量大的有机废气可初步吸附浓缩后再进行冷凝回收或催化燃烧等，与其他技术一起联合使用，消除其弊端。

还有一种改良的吸附再生装置——转轮吸附浓缩装置。转轮吸附浓缩装置是将大风量、低浓度的废气浓缩到高浓度、小风量的废气，从而减少设备的投入费用和运行成本，提高VOCs废气的高效率处理。在处理大风量、低浓度的废气燃烧

图 5.7　活性炭吸附罐

和回收的时候，如果没有 VOCs 浓缩装置，直接进行燃烧，废气处理设备不仅体积庞大，而且产生的运行费用也会很庞大。

装置可分为处理区、再生区、冷却区，浓缩转轮在各个区内连续运转。有机废气通过前置过滤器后，进入浓缩转轮装置处理区。在处理区，VOCs 被吸附剂吸附，净化后的空气直接排出。吸附于浓缩转轮中的 VOCs，经再生区热风处理被脱附、浓缩到 10 ～ 30 倍后，进入后续的催化燃烧设备，燃烧产生的热量经过热交换被用来预热脱附空气，达到节能的效果。

吸附法在目前挥发性有机气体净化技术中应用最广泛，在我国针对 VOCs 净化控制方法中，吸附技术占有率超过 50%。吸附法具有去除效率较高、能耗低、气体去除较彻底、无毒害、工艺完备等优势。

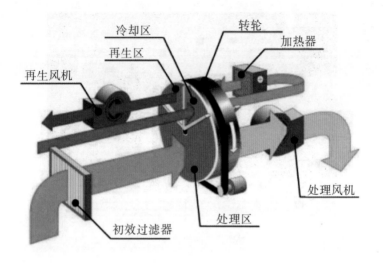

冷却区　　　　　　　转轮
再生区　　　　　　　　加热器
再生风机
　　　　　　　　　　　　　处理风机
初效过滤器　　　　处理区

图5.8　吸附浓缩装置工作示意

5.2　吸收技术

相关定义

　　吸收法是采用低挥发或不挥发溶剂对 VOCs 进行吸收，再利用 VOCs 分子和吸收剂物理性质的差异进行分离。吸收效果主要取决于吸收剂的吸收性能和吸收设备的结构特征。

吸收技术可分为化学吸收和物理吸收。想象一下生活中干燥的海绵吸收水分的过程，可以帮助大家更好地理解吸收技术。物理吸收使废气中一种或几种组分溶解于选定的液体吸收剂中，这种吸收剂应与吸收组分有较高的亲和力。吸收液饱和后经加热解吸再冷却重新使用。物理吸收在吸收过程中不发生明显的化学反应，单纯是指被吸收组分溶于吸收液的过程。化学吸收在吸收过程中发生明显的化学反应，如用碱性的氢氧化钠溶液吸收酸性气体二氧化硫。对于化学活性低的有机废气，一般不能采用化学吸收法。

吸收技术的工艺流程如图 5.9 所示，含 VOCs 的气体由底部进入吸收塔，在上升过程中，与来自塔顶的吸收剂逆流接触而被吸收，被净化后的气体由塔顶排出。吸收了 VOCs 的吸收剂通过热交换器以后，进入汽提塔顶部，在温度高于吸收温度或（和）压力低于吸收压力时得以解吸，吸收剂再经过溶剂冷凝器冷凝后进入吸收塔循环使用。解吸出的 VOCs 气体经过冷凝器、气液分离器后以纯 VOCs 气体的形式离开，被进一步回收利用。吸收技术适用于 VOCs 浓度较高、温度较低和压力较高的场合。该法的缺点是一次性处理的 VOCs 气量较小。吸收时通常需加入具有针对性的吸收剂，吸收剂耗量较大，运行费用较高，同时还应注意吸收液二次污染的处理。

根据相似相溶和溶解度原理，吸收剂一般选用与挥发性有机物性质相近，沸点高、挥发性低且化学性质稳定，能够长期使用的非极性或弱极性液体。常见吸收剂有以柴油和洗油为主的矿物油、水型复合溶剂（例如水－洗油、水－表面活性剂－助剂）及高沸点有机溶剂。除易溶于水的有机挥发性气体

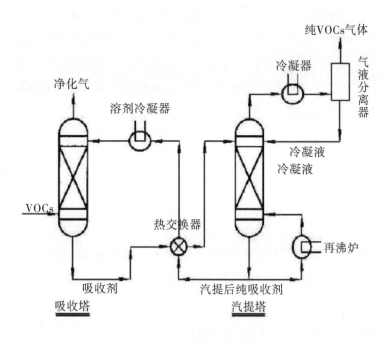

图5.9 吸收技术工艺流程

以水或液相有机物为溶剂进行物理吸收外，其他情况以酸液、碱液为溶剂进行化学吸收，主要吸收剂特点见表5.2。

表5.2 常见吸收剂特点

类别	吸收剂	特点
矿物油	轻柴油、机油、洗油、白油	吸收容量高、组分复杂、易挥发、造成损失同时产生二次污染、价格高

164

续上表

类别	吸收剂	特点
高沸点有机溶剂	邻苯二甲酸酯、己二酸酯类、聚乙二醇类、硅油类、酚类等	吸收效率高、难度大、液体分布不均匀、设备压差大、价格高等
水型复合溶剂	水 – 洗油、水 – 白油、水 – 废机油、水 – 表面活性剂、水 – 酸、水 – 碱等	吸收效果稍低、价格低、挥发损失少、无二次污染

除水溶性较好的有机物直接用水作溶剂吸收外，大部分吸收剂为具有一定毒性和污染性的有机溶剂，在吸收后续工艺产生二次污染，因此选择合适吸收剂至关重要。

填料吸收塔和喷淋吸收塔为工业上常见的两种吸收设备，图 5.10 为填料吸收塔和喷淋吸收塔工艺流程。填料吸收塔是将循环吸收剂经泵送到吸收塔顶部喷淋到填料上，底部通入的废气经过填料和吸收剂充分接触后排出。选择合适的填料是该工艺的关键，一般选用通量大、压降小、效率高，可低压下使用的填料。喷淋吸收塔是将循环利用的吸收液由顶部与液体逆向流喷淋，增加气液的传质面积和接触时间，气相通过旋风除尘器进一步净化后排出。

吸收技术利用 VOCs 在吸收剂中溶解度的不同，或者与吸收剂发生化学反应，达到分离和净化的目的。吸收技术由于存在二次污染和安全性差等缺点，目前在有机废气治理中已经较少使用，只作为其他净化技术的辅助手段。例如在前处理过程

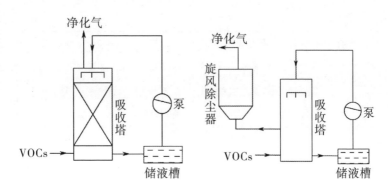

图 5.10　填料吸收塔和喷淋吸收塔

用水喷淋去除酸性或碱性无机化合物、漆雾或粉尘；在后处理工艺中用于吸收被等离子体破坏后产生的二次污染物。

5.3　冷凝技术

相关定义

　　冷凝法是利用 VOCs 在不同温度下具有不同饱和蒸气压这一性质，采用降低温度、提升压力或者兼备降温升压两种条件的方法，使处于蒸气状态的 VOCs 冷凝进而与废气分离。

　　冷凝是蒸气在饱和温度下由气态变成液态的过程。想想炎热的夏天总会搭配的冷饮，冷饮从冰箱里拿出后，容器的外壁上是不是就挂满了小水珠？这就是冷凝过程在生活中最好的例子。它的原理是冷饮本身温度低，从冰箱拿出后，空气中的水蒸气遇到低温的容器外壁，从气态冷凝成液态的小水珠挂在外壁上。

图5.11　日常中的冷凝现象

　　冷凝法从废气中分离有害物质，将废气冷凝成液体并将液体收集起来，加以利用。可有两种基本方法，即接触冷凝和表面接触冷凝。上述生活现象就相当于表面接触冷凝。冷凝技术的典型工艺过程如图5.12所示。

　　接触冷凝是被冷却的气体与冷却液或冷冻液直接接触，也可称为直接冷凝。其优点是冷热流体直接接触有利于强化传热，但冷凝液需进一步处理。

　　接触冷凝可在喷射器、喷淋塔或气液接触塔里进行，接触塔可以是填料塔、塔板塔等。喷射式接触冷凝器喷出的水流即冷凝气，不必另加抽气设备。塔板式接触冷凝器与填料塔相

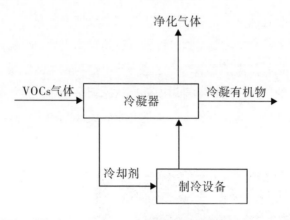

图 5.12　冷凝技术工艺流程

比，单位容积的传热量大。

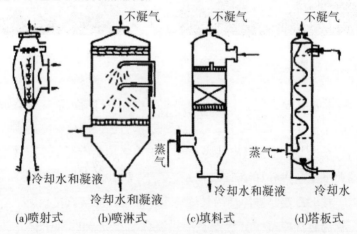

(a)喷射式　　(b)喷淋式　　(c)填料式　　(d)塔板式

图 5.13　接触冷凝设备

　　表面冷凝也称间接冷却，冷却壁把废气与冷却液分开，因而被冷凝的液体很纯，可以直接回收利用。所用装置有列管式、喷淋式及螺旋板式冷凝器。

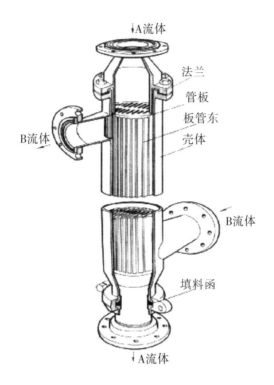

图 5.14 列管式冷凝器

列管式冷凝器是一种传统的标准式设备，也是目前应用广泛的一种。优点是结构简单、坚固，制造容易，材料范围广泛，处理能力很大，适应性强。但在传热效率、设备的紧凑性、单位传热面积的金属消耗量方面，还稍次于各种板式冷凝器。螺旋板式冷凝器传热性能好，传热系数高出列管式冷凝器1 ～ 3 倍，但不耐高压。

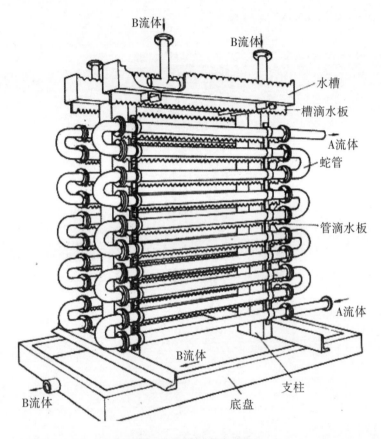

B流体

B流体

水槽

槽滴水板

A流体

蛇管

管滴水板

A流体

B流体

B流体

支柱

底盘

图5.15 淋洒式冷凝器

冷凝法对有害气体的去除程度与冷却温度和有害成分的饱和蒸气压有关。冷却温度越低，有害成分越接近饱和，其去除程度越高。

冷凝法有一次冷凝法和多次冷凝法之分。前者多用于净化含单一有害成分的废气，后者多用于净化含多种有害成分的废

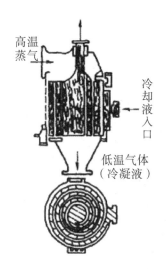

高温蒸气

冷却液入口

低温气体（冷凝液）

5.16　螺旋式冷凝器

气或用于提高废气的净化效率。冷源可以是地下水、大气或特制冷源。

　　冷凝法设备简单，操作方便，并容易回收较纯产品，用于去除高浓度有害气体更有利。但该法不宜用于净化低浓度有害气体。由于成本较高，现多作为吸附技术或催化氧化技术等的辅助手段。

5.17　列管式冷凝器设备

5.18 淋洒式冷凝器设备

5.19 螺旋式冷凝器设备

5.4 膜分离技术

膜分离法是利用有机蒸汽通过半透膜的能力与速度不同而得到分离方法。

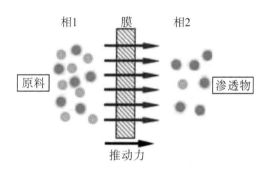

图5.20 半透膜分离原理

图5.21 筛面粉

膜分离技术的关键就是半透膜，它的功能如同我们生活中用到的筛子。面粉放的时间长了，有些受潮结块形成大小不一的小疙瘩，而我们制作面点、糕点需要细腻的面粉，通过筛子可以将细腻的面粉与结块的面粉分离，因为疙瘩块头大，无法穿透筛子的小孔。

20世纪60年代，伴随材料科学中膜材料和膜技术发展，膜分离法已广泛应用于工业领域，主要为印染、医药、石油化工、食品加工等行业废水处理和有机溶剂回收。膜分离法利用挥发性有机物各组分通过膜的传质速率不同来实现分离。

在低压常温条件下气相有机物传质速率是空气的10～100倍，能高效分离有机物与空气，操作简单、节能、无相变、无二次污染，尤其适用如一些酶、药品等热敏性物质的分离回收。

如图5.22所示，膜分离系统一般由冷却器和膜单元组成，有机废气经压缩机加压后进入冷却器，一小部分冷凝成液相直接作为溶剂继续使用，未液化部分进入膜分离器，不能通过膜的气体为洁净空气直接排出；通过膜的有机气体继续循环冷凝。膜分离法的核心单元是膜，运行费用与VOCs浓度无关，与气体流速成正比。因此，该方法适用于处理低浓度大流量VOCs。

目前工业应用的膜有管式膜、平板膜、中空纤维膜、卷式膜，分别对应不同膜分离装置。几种膜分离装置的特点见表5.3。

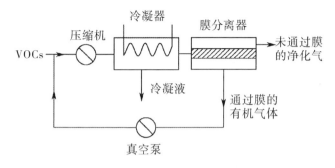

图 5.22　膜分离技术工艺流程

表 5.3　膜分离装置特点

膜分离装置	特点
平板式结构	由多层膜叠合而成，结构简单，组装方便，易于操作和清洗
中空纤维结构	单位体积内膜的填充密度高，单位容积的生产能力大
卷式结构	中空纤维细，膜填充密度高，占地面积小，防止纤维断裂对气体的预处理要求严格

　　膜分离工艺主要有蒸汽渗透、气体膜分离、膜吸收。蒸汽渗透是指冷却的有机物蒸汽直接通过膜进行分离，不破坏有机物的化学结构，尤其适用于有机溶剂回收。气体膜分离是气体在一定压差推动下使废气通过膜单元，分离速度较快。膜吸收是气-液或液-液接触两相分别在膜两侧，吸收相通过膜对有机废气吸收，强化了膜分离效果。该处理技术无污染，回收效率高。分离膜与VOCs有很强的相互作用，需要膜的耐受性很高，降低制造和运行成本是该技术进一步推广应用的关键。

5.5　燃烧技术

燃烧技术是目前应用比较广泛也是研究较多的有机废气处理方法，特别是对低浓度有机废气处理效果比较好。工业有机废气的燃烧技术可分为直接燃烧和催化燃烧。

5.5.1　直接燃烧

直接燃烧是一种有机物在气流中直接燃烧的方法。多数情况下，有机物浓度较低，不足以维持燃烧，需要添加辅助燃料（天然气）维持燃烧的方法称作热力燃烧。

热力燃烧可以在专用的燃烧装置中进行，也可以在普通的燃烧炉中进行。进行热力燃烧的专用装置称为热力燃烧炉，其结构应满足热力燃烧时的条件要求，即应保证获得 760 摄氏度以上的温度和 0.5 秒左右的接触时间，这样才能保证对大多数碳氢化合物及有机废气的燃烧净化。

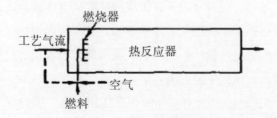

图 5.23　直接燃烧装置

燃烧炉的主体结构包括两部分：燃烧器，其作用为使辅助燃料燃烧生成高温燃气；燃烧室，其作用为使高温燃气与旁通废气湍流混合达到反应温度，并使废气在其中的停留时间达到要求。按所使用的燃烧器的不同，热力燃烧炉分为配焰燃烧系统与离焰燃烧系统两大类。

普通锅炉、生活用锅炉及一般加热炉，由于炉内条件可以满足热力燃烧的要求，因此可以用作热力燃烧炉，这样做不仅可以节省设备投资，而且可以节省辅助燃料。但在使用普通锅炉等进行热力燃烧时应注意：

（1）废气中所要净化的组分应当几乎全部是可燃的，不燃组分如无机烟尘等在传热面上的沉积将会导致锅炉效率的降低；

（2）所要净化的废气流量不能太大，过量低温废气的引入会降低热效率并增加动力消耗；

（3）废气中的含氧量应与锅炉燃烧的需氧量相适应，以保证充分燃烧，否则燃烧不完全所形成的焦油等将污染炉内传热面。

 5.5.2　催化燃烧

催化燃烧是利用合适的催化剂，加快 VOCs 的化学反应，最终达到降低有机物浓度，使其转变为二氧化碳和水，不再具有危害性的一种处理方法，又称为无焰燃烧。其对温度的要求不高，为 200 ～ 450 摄氏度。

催化燃烧是有机物在气流中被加热，在催化床层作用下，有机废气的燃烧比直接燃烧法需要更少的保留时间和更低的温度，是高浓度、小流量有机废气净化的首选技术。

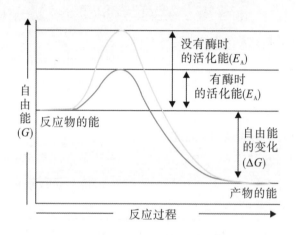

图 5.24　催化剂降低反应活化能

催化剂在催化燃烧系统中起着重要作用，能够降低反应的活化能，降低反应温度，提高反应速率。

用于有机废气净化的催化剂主要是金属和金属盐，金属包括贵金属和非贵金属。目前使用的金属催化剂主要是铂、钯，技术成熟，而且催化活性高，但价格比较昂贵。由于有机废气中常出现杂质，很容易引起催化剂中毒，比如在处理卤素有机物或含氮、硫、磷等元素有机物时，有机物易发生氧化等作用使催化剂失活，导致催化剂中毒的毒物还有铅、铋、砷、锡、汞、亚铁离子等。非金属催化剂有过渡族元素钴、稀土等金属。近年来催化剂的研制无论是国内还是国外进行得较多，而且多集中于非贵金属催化剂，并取得很多成果。

图 5.24　催化剂附在蜂窝状载体上

催化剂载体起到节省催化剂，增大催化剂有效面积，使催化剂具有一定机械强度，减少烧结，提高催化活性和稳定性的作用。能作为载体的材料主要有三氧化二铝、铁钒、石棉、陶土、活性炭、金属等，最常用的是陶瓷载体一般制成网状、球状、柱状、蜂窝状。对催化燃烧而言，今后研究的重点与热点仍将是探索高效高活性的催化剂及其载体，和催化氧化机理。

对于低浓度废气，采用燃烧法需要大量能耗，为了提高热利用效率，降低设备的运行费用，近年来发展了蓄热式燃烧法，分为蓄热式热力焚烧（RTO）技术和蓄热式催化氧化（RCO）技术两种。燃烧尾气中的热量蓄积在蓄热体中，用于加热待处理废气，换热效率可达到 90% 以上。

蓄热式热力焚烧技术：排放含 VOCs 的废气进入双槽RTO，三向切换风阀将此废气导入 RTO 的蓄热槽进行预热，废气被蓄热陶瓷逐渐加热后引入燃烧室，VOCs 在燃烧室被氧

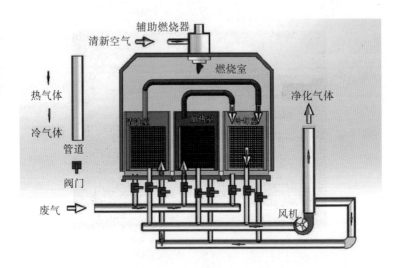

图 5.25　RTO 技术工艺流程示意

图 5.26　蓄热式热力氧化炉

化而放出热能于第二蓄热槽，减少辅助燃料的消耗。三向切换风阀切换改变 RTO 出口/入口温度，如果 VOCs 浓度够高，所放出的热能足够，RTO 即不需燃料。例如，当 RTO 热回收效率为 95% 时，RTO 出口仅比入口温度高 25 摄氏度。

蓄热式催化剂焚烧炉（RCO）：排放含 VOCs 的废气进入双槽 RCO，三向切换风阀将此废气导入 RCO 的蓄热槽进行预热，废气被蓄热陶瓷逐渐预热引入催化床，VOCs 在经催化剂分解被氧化而放出热能存储于第二蓄热槽，用于减少辅助燃料

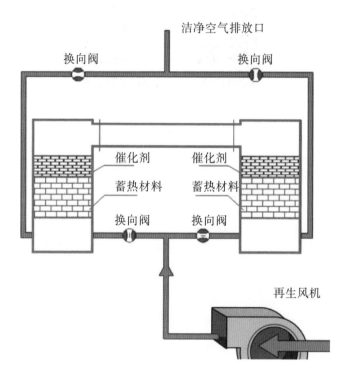

图 5.26　RCO 工艺流程示意

的消耗。三向切换风阀切换改变 RCO 出口/入口温度,如果 VOCs 浓度够高,所放出的热能足够,RCO 即不需燃料。例如,当 RCO 热回收效率为95%时,RCO 出口仅比入口温度高 25 摄氏度。

图 5.27　蓄热式催化氧化炉

5.6　生物技术

生物技术最早应用于废气脱臭,近年来随着对有机污染物治理技术研究的不断深入,生物法逐步被应用于有机污染物的治理领域。生物法净化有机废气的原理是将废气中的有机组分作为微生物生命活动的能源或其他养分,经代谢降解转化为二氧化碳和水等简单化合物。

与废水的生物处理过程不同之处是:废气中的有机物质要想被微生物吸附降解,先要经历由气相转移到液相(或固体

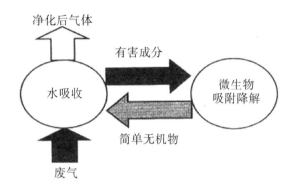

图 5.28　生物技术处理有机废气原理

表面液膜）中的传质过程，然后吸附降解在液相（或固体表面生物层）完成。由于气液相间有机物浓度梯度、有机物水溶性以及微生物的吸附作用，有机物从废气中转移到液相（或固体表面液膜）中，进而被微生物捕获、吸收。在此条件下，微生物对有机物进行氧化分解和同化合成，产生的代谢物一部分溶入液相，一部分作为细胞物质或细胞代谢能源，还有一部分（如二氧化碳）则析出到空气中。废气中的有机物通过上述过程不断减少，从而得到净化。

　　根据处理运行方式不同，生物处理工艺可以分为生物过滤床、生物洗涤床和生物滴滤床三种形式。

　　生物滴滤池。生物池顶部有一个喷洒系统保持滤料介质湿度，底部有一个废液池，废气通过废液池增湿后经过滤料介质时被微生物分解成为净化气体排出，滤料介质有流动的液相通过，pH 和营养物质容易控制。

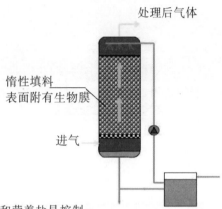

処理后气体

惰性填料
表面附有生物膜

进气

· 优点：pH和营养盐易控制；
· 适用于处理较易溶解的恶臭和VOC污染物，亨利系数小于1
（Johan W.wan Groensetijn and Panul G.M. Hesselink，1993）.

图5.29　生物滴滤池工艺示意

生物过滤池。VOCs 先通过循环喷淋的蓄液池增湿后通入填料介质的底部，净化后的气体由生物池顶部排除。

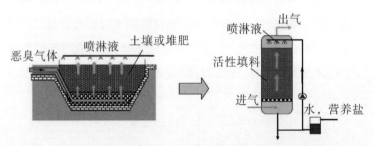

恶臭气体　喷淋液　土壤或堆肥

喷淋液　出气

活性填料

进气　水，营养盐

· 填料比表面积大，适用于处理不易溶解的恶臭和VOC污染物，亨利系数小于10(Johan W. wan Groenestijn and Paul G.M. Hesselink, 1993).

图5.30　生物过滤池工艺示意

生物洗涤池。由惰性填料的传质洗涤池和生物循环再生池组成，VOCs直接由生物洗涤池的底部经循环液进入过滤床与微生物接触，净化后从洗涤池上部排出，循环液直接进入再生循环池再生后循环使用。

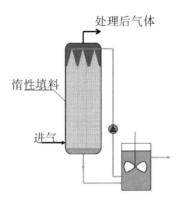

· 优点：pH、温度、营养盐易控制；
· 适用于处理易溶解的恶臭和VOCs污染物，亨利系数小于0.01
（Johan W. wan Groensetijn and Panul G.M. Hesselink，1993）．

图5.31　生物洗涤池工艺示意图

三种形式的优缺点比较见表5.4。

表 5.4 各生物技术的优缺点

生物技术	优点	缺点
生物滴滤池	简单、成本低； 中等投资、运行费用低 去除效率高； 有效去除酸的污染物 低压降； 适宜处理产酸或碱的有害物质	建造和操作比生物过滤床复杂； 营养物添加过量会产生大量微生物造成堵塞
生物过滤池	简单、成本低； 投资和运行费用低； 有效去除低浓度； 低压降； 有较强的抗冲击负荷能力；	占地面积大； 每隔 $1 \sim 2.5$ 年需要更换填料； 不使用高浓度的废气； 有时湿度和 pH 难以控制； 颗粒物质会堵塞滤床
生物洗涤池	中等投资； 能处理含颗粒的废气； 相对小的占地面积； 能适应各种负荷； 技术非常成熟	运行费用昂贵； 大量沉淀时性能下降； 复杂的化学进料系统； 不能取出大部分的 VOCs； 需要有毒或危险的化学物质

微生物本身、氧气浓度、填料、湿度等因素都影响着生物技术处理有机废气的效果或性能。微生物的活力与氧气浓度和湿度有关，"对付"含不同种类的有机废气的能力也有强有弱，这叫作微生物的选择性。根据不同微生物的选择性，针对

性地对付含不同种类的有机废气，才能使效果更优。

　　再看填料这个关键因素，常见填料有活性炭、陶瓷球、堆肥、土壤、树皮、聚氨酯泡沫、木屑等。具有以下特征的填料拥有更强的处理力：较高的孔隙率、良好的透气性、大比表面积、较高的含水量、较高的物理强度、对酸碱有较好的缓冲能力、低膨胀系数。

图 5.32　常见的生物过滤填料

　　生物法具有设备简单，投资及运行费用低，无二次污染等优点。但由于生物法对有机污染物的降解速率较低，只在处理低浓度有机废气时才具经济性。此外，由于生物菌种对有机物的消化具有很强的专一性，只有易生物降解的有机物才适合使用生物法进行净化，因此生物法处理有机废气的普适性较差；

生物菌种对降解的温度、pH 等环境条件要求高，设备体积大、周期较长，一些生物菌种需要额外加入营养物质。

生物技术相比于传统的有机废气处理方法，在投入资金、效率、安全性、二次污染方面有较为明显的优势，生物技术在德国、荷兰、日本及北美等国家和地区已经得到广泛应用。

5.7　低温等离子体技术

等离子体技术是在外加电场的作用下，介质放电产生的大量携能电子轰击污染物分子，当电子所含能量高于或者相当于 C—H、C≡C、C—C 键能时，就可以打破这些键，从而破坏有机物的结构，使分子电离、解离和激发。引发的一系列复杂的物理、化学反应，可使复杂大分子污染物转变为简单小分子安全物质，或使有毒有害物质转变成无毒无害或低毒低害的物质，从而使污染物得以降解去除。同时，电晕放电可以产生以臭氧为代表的具有强氧化能力的物质，进而氧化有机物。

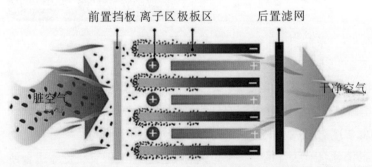

图 5.33　等离子体技术净化废气原理

等离子体是由大量电子、离子、原子、分子或自由基等粒子组成的集合体。通过高压放电可以获得低温等离子体，即产生大量的高能电子。高能电子与气体分子（原子）发生非弹性碰撞，使有机废气发生分子键断裂或氧化，转化为无害的物质。

低温等离子体的产生方法主要是电子束照射法和高压气体放电法，两种工艺的主要区别是高能电子产生途径不同。电子束辐射工艺通过电子加速器（如电子束二极管等）产生稳定电子束，能量利用率相对较高。该技术电子发生器电压、频率、反应器结构、废气流速和浓度及湿度都影响处理效果。高压气体放电工艺是常压下通过脉冲放电、辉光放电、介质阻挡放电、滑弧放电、微波放电等放电形式产生一定的高压电场，激发出高能电子。利用高能电场放电电离气体，产生包括电子在内的活性物质和中间活性物质等高浓度离子体，实现对有机物降解过程。

低温等离子处理技术目前工业实用领域主要在烟气中污染物的处理，如脱硫和脱氮处理。近年来在苯系物这类难降解有机物处理中也取得不错成效，尤其对低浓度 VOCs 处理效果较好。但低温等离子体最终产物不易控制，设备生产成本较高，需要对等离子体的反应机理做更深研究，达到在较低电压下产生密度大且稳定的等离子体流以提高废气处理效果，同时改进设备，降低成本。

低温等离子体技术的优点有体积小、占地面积少，能耗低、运行费用低、操作方便，运行环境要求低：在 $-60 \sim$ 300 摄氏度的环境内均可正常运转，特别是在潮湿，甚至空气湿度饱和的环境下仍可正常运行。该技术适用性广，对气体的流速和浓度都有一个很宽的应用范围。

5.8 光催化氧化技术

自 1988 年国际首例光催化净化装置以来，光催化净化法只应用于消除半封闭或封闭空间微量有害气体的除臭或杀菌，首次应用光催化净化法治理废气污染是在解决珠江三角洲某饲料厂的恶臭问题。饲料工业的废气主要化学组成为各类烯烃、醛类、脂肪酸类、甲基酮类、芳香族化合物等。该工程工艺设计以光催化氧化单元为中心，使用防水防油的布袋除尘器对废气进行预处理，光源采用紫外线为人工光源，纳米二氧化钛作为光催化剂。

光催化氧化技术利用光催化剂（也称作光触媒）在光照射下具备氧化还原能力来净化污染物，使有机物降解转变成低分子化合物（如二氧化碳和水）。光催化剂一般是化学性质稳定、光催化活性高、无毒、抗化学和光腐蚀的纳米半导体，常见光催化剂有硫化镉、三氧化钨、三氧化二铁、氧化锌、二氧化钛等，目前二氧化钛应用最广泛。光催化技术对杀灭病毒细菌、分解烟味、臭味、过敏源、甲醛的处理效果较好。

紫外光光源具有最好的净化效果，利用紫外光裂解有机废气又称为 UV 光解光催化技术。紫外光解法一般作为化学预处理手段，可显著改善难降解有机物的水溶性和生物降解性，光催化氧化则常作为废气处理的后续工序消除二次污染的产生。

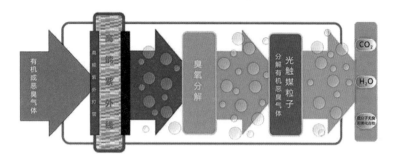

图 5.34 光催化氧化原理

图 5.35 光催化氧化设备实物

光催化氧化技术具有催化剂无毒、能耗低、占地面积小、适用范围广、反应成本低且反应条件温和等优点。但光子效率低、催化剂失活及固定问题等缺点制约了其在实际中的应用。

　　光催化剂对部分有机物效率很高，但是当催化剂表面有机物浓度过高时，会造成催化剂失去活性，因此该方法不适用大规模的工业应用。该技术对光照要求苛刻，对反应设备结构设计要求高，光催化剂需要负载在其他载体上；产生有害的中间产物，沉积在催化剂表面降低分解效率，可能造成催化剂中毒，降解不完全可能形成二次污染。该技术的关键是对光催化剂改性，提高对光的普适性和抗毒性，提高使用寿命，降低成本。

5.9 组合技术：吸附 - 燃烧技术

工业有机废气成分复杂，单一的防治技术往往不能达到很好的效果，组合技术能够结合各种技术的特点处理复杂工业废气，效率更高，效果更好。下面介绍一种常见的组合技术：吸附 - 催化燃烧技术。在常见的吸附 - 燃烧技术中，吸附设备通常有活性炭/分子筛吸附和转轮吸附两种；燃烧设备则有直接燃烧炉、催化燃烧床、蓄热式催化燃烧炉（RCO）或蓄热式燃烧炉（RTO）。

5.9.1 活性炭/分子筛吸附 - 催化燃烧技术

有机废气先通过干式过滤，将废气中颗粒状污染物截留去除。然后进入活性炭/分子筛吸附床进行吸附，利用具有大比表面积的蜂窝状活性炭/分子筛将有机溶剂吸附在活性炭/分子筛表面。处理后干净的气流经过风机、烟囱向高空排放。

活性炭/分子筛经过吸附运行一段时间后达到饱和，启动系统的脱附 - 催化燃烧过程，通过热气流将原来已经吸附在活性炭/分子筛表面的有机溶剂脱附出来，经过催化燃烧反应转

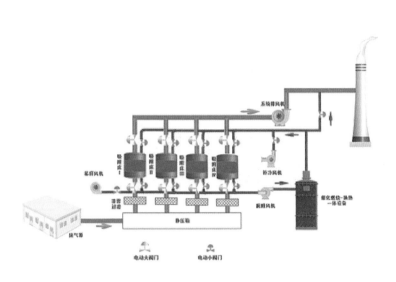

图 5.36　活性炭/分子筛吸附 - 催化燃烧技术工艺流程示意

化生成二氧化碳和水蒸气等无害物质，并放出热量。反应产生的热量经过热交换部分回用到脱附加热气流中。当脱附达到一定程度时，反应放热与所需脱附热量达到平衡，系统在不外加热量的情况下完成脱附再生过程，即吸附过程为连续式处理工艺。在备用吸附装置投入使用时，饱和吸附箱进行脱附工作，脱附后活性炭/分子筛箱预备至下次循环使用。

（1）装置特点。

装置前端采用干式高效粉尘过滤装置，净化效率高，确保吸附装置的使用寿命；用优质贵金属钯、铂浸渍的蜂窝陶瓷作催化剂，催化净化率达标，催化剂使用寿命长，废气分解温度低，脱附预热时间短，能耗低。当有机废气浓度较高时，可维持自燃，无须外加能量，节能效果显著。

图 5.37 活性炭/分子筛吸附－催化燃烧设备

（2）适用行业。

采用吸附－催化组合技术工艺来处理大风量、中低浓度的有机废气，可处理的有机溶剂包括苯类、酮类、脂类、醇类、醛类、醚类、烷类。可广泛应用于喷漆、涂装、化工、印刷等行业。

（3）注意事项。

①不适用于含高温高湿而又未经处理的一类有机废气。

②不适用于酸性碱性浓度大的废气，不适用于含光气、氯气、硫化氢、硫氧化碳等，以及含磷、砷、卤素化合物和重金属化合物的废气。

③为了保证运行排放达标而又能降低设备成本，主要考虑废气的浓度、活性炭/分子筛的配置量、催化床的加热以及催化剂的用量，根据使用情况和经验来进行设计。在设备设计过程中，应注意废气处理设备的材料，根据废气成分决定，例如含酸碱性的废气，采用 SUS304 不锈钢来做，而不含酸碱性的

废气，用镀锌板做就可以。

2. 浓缩转轮 + 蓄热式燃烧炉（RTO/RCO）

浓缩转轮与 RTO/RCO 的组合，是用于废气量较大但浓度较低的 VOCs 气体。VOCs 气体会在通过浓缩转轮表面时被吸收，吸收后的气体体积会被压缩 20 倍，经过压缩后的高浓度废气排往 RTO 或 RCO 进行处理，高 VOCs 浓度的气体可替代燃气/燃油作为能源使用。

适用行业及范围。适用于大风量低浓度的恶臭废气、有机废气、涂装喷漆废气。处理能力范围：每小时 60000～200000 立方米，处理效率不低于 98%。适用行业有石油化工、精细化工、喷涂、包装印刷、医药与农药制造、半导体及电子产品制造、人造板与木制家具制造、皮革、漆包线、制鞋、涂料、

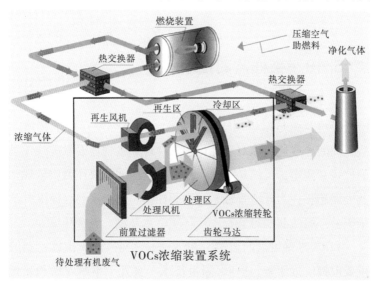

图 5.38　转轮吸附–燃烧技术工艺流程示意

油墨、黏合剂生产、金属铸造等。可处理各行业中所产生的VOCs种类常见的组分，如碳氢化合物、苯系物、醇类、酮类、酚类、醛类、酯类、胺类、腈（氰）类等。

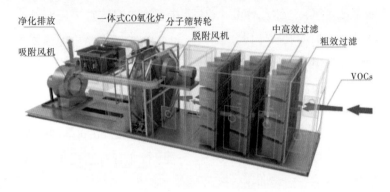

图5.39 转轮吸附－催化燃烧设备示意

5.10 采样监测技术

环境监测是指运用物理、化学、生物等现代科学技术方法，间断地或连续地对环境化学、物理和生物等因素进行现场的监视和测定，目的是准确、及时、全面地反映环境质量现状及发展趋势，为环境管理、污染源控制、环境规划等提供科学依据。环境监测的对象有大气环境、水环境、土壤环境等。

VOCs准确可靠的监测分析方法是工业VOCs排放控制的重要前提。近年来，VOCs测量技术一直处于不断发展和完善的过程中，VOCs的监测方法主要包括离线监测技术和在线监测技术，这些技术通常包括采样、浓缩、分离和测试四个过程。VOCs 的离线监测主要包含三个过程，即采样、样品的预处理和测试。

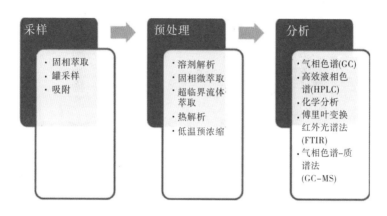

图 5.40　VOCs 离线监测三个环节的主要方法

目前应用最多的离线采样技术有罐采样、固相微萃取等。同时还有针对含氧有机物（如极性较强的醛、酮、醇、醚、酯等）的化学衍生试剂吸附法。采样的目的是收集含有废气的空气样品。

预处理是为了给后续分析、测试方法做准备，使样品处于有利于分析测试的条件下。预处理一般包括提取和浓缩，主要方法有溶剂解析、固相萃取、热解析等。

VOCs 常见的分析测试方法包括气相色谱（GC）、荧光分光光度法、高效液相色谱法（HPLC）、傅里叶变换红外光谱法（FTIR）、气相色谱 – 质谱法（GC – MS）等，此外还有反射干涉光谱法、脉冲放电检测器法等，其中应用最多的是 GC

固相微萃取

图 5.41　固相微萃取法采样及分析

和 GC – MS。

　　在气相色谱 – 质谱联用仪中，气相色谱利用物质的沸点、极性及吸附性质的差异来实现混合物的分离，并顺序进入检测

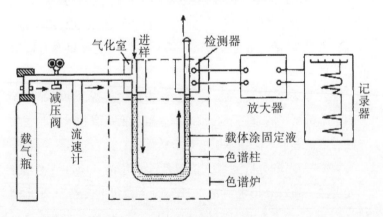

图 5.42　气相色谱仪基本设备和工作流程

器中被检测记录下来，而质谱是一种测量离子荷质比的分析方法，可以确定各组分的质量。该仪器结合了气相色谱仪和质谱仪的特点，对混合物分离、定性定量的效率高。

图 5.43　气相色谱 – 质谱联用仪

随着监测技术的进步，目前已经发展一系列 VOCs 现场在线分析仪及便携手持式检测仪，并逐步应用于 VOCs 污染状况的长期监控分析。该方法在国外主要用于有毒有害物质监测和臭氧前驱体监测。与此同时，面对环境突发事件日益增多的局面，便携式气相色谱仪、便携式 FID/PID 检测器、便携式气质联用仪等也被广泛用于环境突发事件的 VOCs 监测。

在线监测常用于工业企业这类固定污染源的污染物排放口，监测污染物处理设施的正常运行及达标排放。

自动监测常用于保证环境空气质量，监测数据可以反映污染物现状，监控企业偷排及污染物超标预警。自动监测的好处在于：节省人力、维护量小、避免长时间保存和运输样品的不确定性、捕捉大气中痕量污染物的快速变化等。

图 5.44　大亚湾石化区大气特征引子自动监测站

　　以惠州市大亚湾石化区为例了解自动监测在保证环境空气质量方面的应用。大亚湾石化区环境监控中心 2011 年 11 月启用，集环境监测、监察、监控和宣教等功能于一体，时刻监管石化区空气质量、企业排污等状况。大亚湾石化区还建有 2 座石化大气特征因子自动监测站、1 座常规大气自动监测站及 1 套石化区空气质量 LED 显示系统，实现了对石化区及周边空气质量的全天候 24 小时动态监测。

　　石化区大气特征因子自动监测站可全天候自动监测石化区二氧化硫、硫化氢、氮氧化物、臭氧、可吸入颗粒物、有机硫化物及高低沸点挥发性有毒有害碳氢化合物等 40 多种石化特征污染物。该站在中心控制室通过软件系统可实现对现场子站的实时监控和数据管理，有效反映石化区污染变化、并实施污染监控预警，防范和应对突发环境事件的发生，并通过户外 LED 显示屏公布空气中的二氧化硫、苯、甲苯、苯乙烯等石化特征因子浓度，方便市民及时了解石化区环境空气质量状况。

图 5.45　向公众公布特征因子浓度及石化区空气质量状况

现场监测常用于环境突发事件，应急采样监测开始阶段的定性分析。尽早得出科学、有效的监测结果，对国家快速决策，并采取应对措施将起到至关重要的作用。具体操作可参考《突发环境事件应急监测技术规范》（HJ 589—2010）。

以 2015 年天津滨海新区爆炸事件为例来了解一下监测技术在环境突发事件中的应用。2015 年 8 月 12 日 23 时 30 分左右，天津市滨海新区天津港务集团瑞海物流危险化学品发生爆炸。得到消息后，天津环境应急监测人员迅速集结进入事故现场展开工作。

图 5.46　监测人员正在开展工作

应急监测分为定性监测和定量监测。定性监测是为了准确查明造成事故的污染物种类，适用于突发环境事故的开始阶段。定量监测是为了确定在不同环境介质中污染物的浓度分布情况，并进行标志，也可以是查明导致事故的客观条件而进行的监测。

13 日凌晨 3 时 30 分，天津市环境监测中心通过现场快速监测仪器对爆炸点下风向周围气体进行采样分析，同时，使用环境自动监测车对事故点下风向（新港八号路）气体进行监测。3 时 40 分，初步确定刺激性气味气体主要特征污染因子为甲苯、三氯甲烷、环氧乙烷。这样就完成了应急监测的定性分析。除此之外，还要集中将样品送到距此 60 多千米外的天津市环境监测中心实验室进行样品分析，获得定量监测数据。参与的环保工作者坚守岗位，和时间赛跑，用准确的监测数据为环境应急决策提供强大支持，用准确、及时的监测信息回应社会关切。

综上可见，采样监测技术起到的关键作用，为废气污染现状的了解、治理对策的制定提供了科学的数据支持。

6　人人都可以用到的防治废气小知识

问题 1　如果我看到了疑似废气排放不达标的现象，作为普通民众的我们有什么途径反映呢？

小知识6.1：环保举报热线电话12369

　　国家早已为畅通群众举报渠道，维护和保障人民群众的合法环境权益，实施了中华人民共和国环境保护部《环保举报热线工作管理办法》："公民、法人或者其他组织通过拨打环保举报热线电话，向各级环境保护主管部门举报环境污染或者生态破坏事项，请求环境保护主管部门依法处理。"

　　环保举报热线"12369 客服电话"和"12369 环保举报"微信公众号都提供了举报的途径，其主要执法管辖范围是以盈利为目的的企事业单位，生产经营所产生的水、气、声、渣，属于环保部门管辖范围的会直接受理。不在范围内的，例如城市垃圾处置，12369 不会派专人到现场，而会转给有关部门来处理。除了 12369 以外，也可致电上级环保部门、政府秘书处、信访局、监察局等以督办、限时办理的形式督促相关执法部门处理执行。属于职权以内，并且不搭理、不处理的，超过时限就可以跟当地纪委、监察局、检察院举报。

图6.1 环保检举全流程

接到投诉举报后，执法部门会进行调查取证。作为群众，我们可以对企业偷排、漏排污染物时留下照片或影像资料，提供给执法部门作为最简单直观的佐证证据支撑。

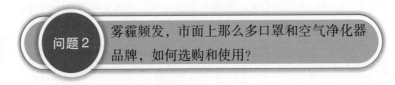

问题2 雾霾频发，市面上那么多口罩和空气净化器品牌，如何选购和使用？

1. 口罩的主要分类和标准

市场上的口罩主要分工业用、医用和民用。

相关标准中防护口罩的分类和分级

中国GB2626-2006标准对颗粒物防护口罩的分类

分类	过滤效率≥90%	过滤效率≥95%	过滤效率≥99.97%
KN类	KN90	KN95	KN100
KP类	KP90	KP95	KP100

* KN类：适用于过滤非油性颗粒物；
  KP类：适用于过滤油性和非油性颗粒物。

非油性颗粒物：固体和非油性液体颗粒物及微生物，如煤尘、水泥尘、酸雾、油漆雾等；
油性颗粒物：油烟、油雾、沥青烟、焦炉烟、柴油机尾气中的颗粒物等。

美国NIOSH标准对颗粒物防护口罩的分类

分类	过滤效率≥95%	过滤效率≥99%	过滤效率≥99.97%
N类	N95	N99	N100
P类	P95	P99	P100
R类	R95	R99	R100

* N：Non-oil适合于过滤非油性颗粒物
  R：Oil Resistance适合于过滤油性和非油性颗粒物，但用于油性颗粒物时限制使用时间不得超过8小时工作班；
  P：Oil Protective适合于过滤油性和非油性颗粒物，用于油性颗粒物时使用时间参照制造商建议，3M建议不超过40小时或30天，以提前到达者为准。

欧洲EN标准对颗粒物防护口罩的分类

分类	FFP1	FFP2	FFP3
过滤效率	≥80%	≥94%	≥99%

* 均适合过滤油性和非油性颗粒物

图6.2 口罩分类和分级

工业用口罩执行《呼吸防护用品自吸过滤式防颗粒物呼吸器》（GB 2626—2006）标准，医用防护口罩执行《医用防护口罩技术要求》（GB 19083—2010）标准。民用口罩是大家最常见到的防霾利器。霾中的细颗粒物（$PM_{2.5}$）分为油性颗粒和非油性颗粒。美国、欧盟、中国的对于防护此二者的各级别口罩并不相同。

雾霾污染的主要成分毫无疑问都属于非油性颗粒物，因此日常出行选普通的防尘霾口罩即可（标有"N""KN""FFP"的这一类）。三种不同标准的口罩之间，防护级别是如何换算的呢？依据公式 FFP3 > FFP2 = N95 = KN95 > KN90。并不是过滤效果越高的口罩就越理想，因为过滤效果越高，佩戴者感到的呼吸阻力就越大。一般大气中的主要污染物以非油性颗粒物为主，在价格、防护及舒适度三者平衡比较的情况下，选择KN90 系列的口罩就足够了。

2016 年 11 月 1 日，由国家标准化管理委员会颁布的我国首个民用防护口罩国家标准《日常防护型口罩技术规范》（GB/T 32610—2016）正式实施。该标准对细颗粒物（$PM_{2.5}$）的防护效果和佩戴的安全性能做了明确规定。根据标准，口罩的防护级别由低到高分为四级：D 级、C 级、B 级、A 级，分别对应不同的空气质量情况。A 级对应"严重污染"，在$PM_{2.5}$浓度达 500 微克/立方米时使用；D 级对应"中度及以下污染"，适用于 $PM_{2.5}$浓度小于等于 150 微克/立方米的情况。

2. 口罩的选择

市面上常见的有以下四种口罩：专业 $PM_{2.5}$口罩、医用一次性口罩、带滤片的棉布口罩、普通棉布口罩。

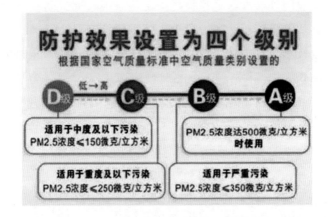

图 6.3　日常防护型口罩级别设置

表 6.1　市面常见的四种日用口罩

 专业 PM$_{2.5}$ 口罩	 带滤片的棉布口罩
推荐指数★★★★★ 特点：防护能力强，值得首选。心肺功能不好的人，建议尽量选带气阀口罩	推荐指数★★★ 特点：防霾和保暖兼备，但与脸部密合性差，滤片能起隔离异味作用，防霾效果欠佳。

续上表

医用一次性口罩	普通棉布口罩
推荐指数★★ 特点：一般为无纺布材质，可防止飞沫传染，但密合性低，只能隔离大颗颗粒物和病菌，防霾效果有限	推荐指数★ 特点：大多采用化纤面料，针织的孔隙大，只能抵挡一些煤烟和沙尘，对$PM_{2.5}$几乎没有作用

3. 口罩的佩戴方法和注意事项

口罩使用遵照其使用说明进行，佩戴时必须完全罩住鼻、口及下巴，保持口罩与面部紧密贴合；心脏或呼吸系统有困难的人（如哮喘肺气肿），佩戴后头晕、呼吸困难和皮肤敏感者不建议佩戴口罩，尽量减少室外活动；骑行或运动时不宜戴过级别过高的口罩，以防造成呼吸不畅。图6.4为北京市疾病预防控制中心的佩戴示例。

以下是人们平时戴口罩时常犯的四个错误。

（1）公共场所完全不戴。一些空间密闭公共场所，如公交、地铁、商场等，人流量大，会存在大颗粒灰尘和病菌，建议坚持佩戴。同时条件允许，建议在家中放置空气净化器。还有人从办公楼到食堂、家中到地铁站等短时间就图省事不戴口罩。或许偶尔几次无所谓，时间长了，还是有一定风险。

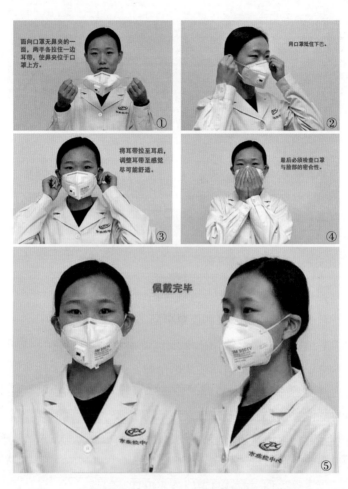

图 6.4　口罩的正确佩戴示例

（2）一味追求防护效果。有人说，套在头上的口罩比挂耳朵上的防护效果好。专家表示，这种口罩密闭性更胜一筹，但更适合锅炉工、化工厂等危险作业时使用，日常防霾有些夸张，尤其是孕妇、小孩和有呼吸系统、心血管系统疾病的人，不建议戴此种口罩。

（3）长时间佩戴。密闭性较好的口罩长时间佩戴，会影响呼吸功能，易让人产生胸闷等不适，还可能导致鼻腔黏膜抵抗力下降。佩戴最好不要超过 2 个小时，半小时左右就应摘下来换换气。此外，在摘戴过程中，尽量不要将口罩内层裸露在外，会接触外界脏空气，降低口罩使用寿命。

（4）咳嗽、喷嚏不摘口罩。咳嗽或打喷嚏时，呼出的大量热气和唾液会弄湿口罩，其阻隔病菌的作用会降低，防护性变差，建议将口罩摘下，咳嗽或喷嚏后再佩戴。

关于口罩的选择总结如下：一是购买有包装且包装上有"LA"（劳动防护）标识或同时具有"LA"和"QS"两种标志的口罩；二是注意查看产品名称、生产日期、厂名、厂址、保质期、产品使用说明书等是否清晰标注；三是参照说明书先行试戴选择适合自己脸型的款式，优先选择标有 KN95 或 N95、FFP2 及其以上标准的口罩；四是为了保证口罩质量，建议大家要去正规渠道购买，并且根据不同的空气污染程度选择相对应防护级别效果的口罩。

小知识6.3：选择空气净化器

1．空气净化器技术特点

市面上空气净化器主流技术有两种：机械式（活性炭吸附、HEPA 过滤）和静电集尘式，其他如紫外线技术、负离子技术、光触媒、等离子体净化、生态净化技术也有出现，但效果不太理想。

主流空气净化技术优缺点一览

净化技术	优点	缺点
活性炭吸附	可吸附异味	不能去除颗粒物;不能分解有害气体,容易造成二次污染;净化效率衰减快,活性炭需定期更换,维护成本高。
HEPA过滤	高效过滤颗粒物	不能净化气体污染物,易滋生细菌;净化效率衰减快;滤网需定期更换,维护价格昂贵。
静电集尘	能去除颗粒物	不能去除气体污染物;不能杀死细菌病毒;集尘一定程度后,净化效率下降;高压有一定危险性。
紫外线技术	能杀灭微生物,使用成本低	不能清除颗粒物和气体污染物;紫外线泄露会对人体造成伤害。
负离子技术	能清除颗粒物和微生物	颗粒物只是沉降到地面,实际上并未移除,易导致再次扬尘;使用寿命短,净化效率衰减快。
光触媒	能杀灭微生物,清除有害气体	对颗粒物没有效果,净化效率衰减很快;对VOCs净化效率低,催化不完全时会产生二次污染物。
等离子体净化	能净化各种污染物	表面聚集过多粒子时净化效率衰减,可能会产生臭氧等二次污染物;高压有一定危险。
生态净化技术	持续高效净化PM2.5、VOCs和微生物,无二次污染,无需更换滤网,维护成本低,有加湿和绿化装饰作用	属于尚未全面推广的新技术,产品较少。

图6.5 主流空气净化技术优缺点

活性炭吸附技术。利用活性炭的孔隙结构构成强大吸附力场。当气体污染物碰到毛细管时,活性炭孔周围强大的吸附力场会立即将气体分子吸入孔内,从而净化空气。

HEPA过滤技术。HEPA过滤器由一叠连续前后折叠的玻璃纤维膜构成,净化空气时如同一个筛网,将颗粒物截留下来,达到净化目的。

静电集尘技术。含有粉尘颗粒的气体,在通过高压电场时带上电荷,在电场磁力作用下沉积,从而净化空气。

2．新国标下如何选择空气净化器

自 2016 年 3 月 1 日，新的空气净化器国家标准 GB/T 18801—2015 正式执行，这标志着我国空气净化器市场正在变得更加规范。

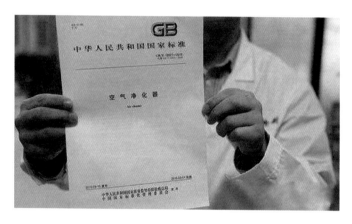

图 6.6　空气净化器国标 GB/T 18801—2015

作为普通消费者，大多数人并不了解新国标中各种数据的意义，更难辨别各家空净厂商天花乱坠宣传的真假。下面我们用尽可能简单易懂的话语解读新国标，聊聊空气净化器选购那些事儿。

新国标的重要意义在于它对空气净化器的净化性能（CADR）、滤网寿命（CCM）、适用面积、能耗、噪音都有了更为明确的规定。

推荐空气净化器选购参考指标为 CADR、CCM、能效等级和噪音。我们先了解一下国标里 CADR 和 CCM 到底是什么。

CADR：洁净空气输出量（单位：立方米/小时）。CADR

图 6.7 选购空气净化器主要参考四项指标

是由美国家用电器制造商协会制定的专门用以衡量空气净化器整体性能的国际性标准。这也是国际上对净化器产品比较权威的衡量空气净化能力的数据。

图 6.8 通过 CADR 值认证产品的标志

CADR 测试的可信度排序：权威第三方检测机构（例如 AHAM）＞国内相关检测机构（例如国家认可的质量监督部门）＞厂家自己检测（只标有 CADR，未注明数据来源，且查

询不到其他机构的检测数据）＞没有检测（只标有风量，而
无 CADR）。CADR 代表的是单位时间内，可以净化空气的体
积大小。理论上，CADR 越大，净化空气的效率越高，但考虑
到噪音和能效等，这一指标并不能无限大，只能说在保证人体
舒适的使用体验的前提下，CADR 越大越好。

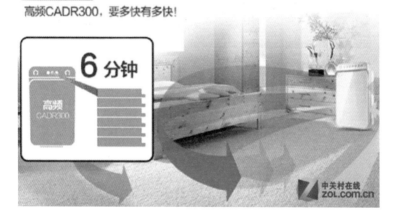

图 6.9　商家以 CADR 值作为产品卖点

　　根据产品提供的 CADR，就可以换算出这款空气净化器的
适用空间面积。公式为：净化面积 = CADR × 系数（系数一般
在 0.1 ～ 0.15 之间）。比如某款空气净化器的 CADR 为 300，
那么其净化面积就等于 300 ×（0.1 ～ 0.15）＝30 ～ 45，也就
是说，适合在面积为 30 ～ 45 平方米的房间中使用。

　　如果空间不大，却选择较高 CADR 的产品，不仅多花钱，
还造成了资源的浪费。相反，如果房间较大，购买了低 CADR

图 6.10　根据空间大小选择不同 CADR 的产品

的空气净化器，就无法完全发挥其作用。因此，大家在购买空气净化器之前，一定要弄清该款空气净化器的 CADR 是多少，这一数字一般从产品规格参数表或者说明书中都能找到。然后，还要清楚自己家用居室空间的大小，以实现匹配。

CCM：累计净化量（单位：毫克）。可以说，CCM 作为一个新的概念，加入新国标是最大的变化，它代表的是空气净化器的持续净化能力，亦可理解为滤网的使用寿命。也就是说在滤网"报废"之前，产品能够消除甲醛或颗粒物的量。简单地说，CCM 越大，说明空气净化器滤网的使用寿命越长。这项指标的加入也让我们明白滤网都是有寿命的，只是有寿命长短之分。

空气净化器中带有三层滤网，通常情况下，预过滤网也是就前置过滤网，是实现过滤掉灰尘的作用。这种滤网，在正常使用过程中，如果出现的脏污，用户只需要清洗即可，无须定期进行更换。

预过滤网，即前置过滤网，
负责过滤掉部分灰尘颗粒。

图6.11　无须定期更换的预滤网

　　而需要更换的，则是 HEPA 滤网，中文名为高效空气过滤器。空气净化器使用此类滤网，可以对于 0.1 微米和 0.3 微米颗粒的有效率达到 99.7%，HEPA 滤网的特点是空气可以自由通过，但细小的微粒却无法通过。就目前而言，是烟雾、灰尘及细菌等污染物最有效的过滤媒介。HEPA 滤网经过一段时间的使用，其中内置的颗粒活性炭就会吸附大量的污染物，一旦超过自己可以吸附的数量，就无法再完成吸附工作。形象地说，就像海绵吸水一样，有一个度的概念，如果吸水过多，就会达到饱和的状态，颗粒活性炭也是如此。

　　如此看来，某些产品宣传的"无须更换滤网"不太靠谱。室内空气的污染一般是颗粒物、气态污染物（甲醛、总挥发

图 6.12　活性炭滤网和 HEPA 滤网

性有机物等)、微生物等共存。消费者要明确家中的主要污染
源是什么,是花粉、灰尘、$PM_{2.5}$、PM 0.3、烟雾等物理污染
物,还是甲醛、苯、甲苯、二甲苯、VOCs 等化学污染,或是

霉菌、真菌、虫螨等生物污染物，然后根据污染源类型选择合适的净化技术，再比较各方面的参数，综合考虑，选择合适的产品。

例如，新装修的房间的空气污染主要是甲醛、苯、TVOC等，消费者购买时可以关注"甲醛净化能力"和"甲醛净化效率"。其实，除甲醛最简单、省钱、高效的方法是开窗通风。对于老房子，或仅是应对雾霾天的$PM_{2.5}$，可以选择颗粒物洁净空气量较大、净化效能较高的空气净化器。如果家里有病人和小孩，在选择净化器时还要考虑空气净化器去除微生物的性能，即除菌率越高越好。

空气净化器选择总结

第一步，选定一种净化原理，如机械式，静电式等；

第二步，确定自己的需求，除颗粒物，除异味，除甲醛等；

第三步，考察指标的可信度并对比指标值，CADR、CCM、能效值、噪音，满足"三高一低"为最好，如图6.7中的口诀"一项强不算强，三高一低才叫强！"；

第四步，考察附加功能，如加湿、除菌、智能检测等；

第五步，考察使用成本，以及保养维护的费用，使用成本包括电费和耗材，耗材主要指购买更换滤网的费用。

除此之外，外观、价格和售前售后服务也可以纳入选购考察范围，注意甄别信息的真伪，选择满足自身需求的空气净化器。

7 废气认识的误区

7.1 对于雾霾的几个认识误区

雾霾天气是一种大气污染状态，是对大气中各种悬浮颗粒物含量超标的笼统表述。如果人类活动排放的细颗粒物超过大气循环的能力和承载力，细颗粒物的浓度就会持续聚集，这时如果天气条件比较稳定，就容易出现大范围的雾霾天气。其实雾很美，雾和霾原本不相干，雾是一种水汽，而霾是漂浮在大气中的污染物。但现在结成了"亲家"，当霾遇上雾时，由于湿度加大，颗粒物直径变粗，能见度迅速下降，致使空气严重污染。

雾是自然现象，霾却与人类活动有关。霾受关注，是因为它的首要污染物是$PM_{2.5}$（空气动力学直径$<2.5\ \mu m$的细颗粒物），相当于头发直径的1/30。单个这样的细颗粒物是肉眼不

图7.1　上图为雾现象，下图为霾现象

可见的，但当它们聚集到一定的浓度，起到消光的作用时，就使大气混浊，能见度降低，进而危害公众的健康。由于广泛群

众对 $PM_{2.5}$ 的认识，现在 $PM_{2.5}$ 作为空气质量指数的高低已经成为衡量雾霾天气严重程度直观数据。

图 7.2　雾与霾的真面目

　　雾是雾，霾是霾，雾和霾的区别很大，它们是两个气象概念，两种不同的天气现象，不能混为一谈。因为当空气污染的水平太高，且持续存在时，雾天不利于污染物的扩散，因此我们现在所说的"雾霾"，是一种混合概念。

　　雾是指大量悬浮在近地面空气中的微小水滴或冰晶组成的自然现象，多出现于秋冬季节，出现雾的时候空气中湿度很大，水汽充足。雾的存在会降低空气透明度，使能见度恶化，将目标物的水平能见度降到 1000 米以内。

　　霾就是大家常说的灰霾（烟霞），是悬浮在大气中的大量微小尘粒、硫酸、硝酸、有机碳氢化合物等粒子的集合体。它会让空气混浊，降低能见度，此时的湿度一般小于 60%，比较干燥。两者结合在一起就是雾霾，形象地比喻一下，就像小孩子玩泥巴，把沙泥和水混在一起，越混越脏。

图7.3　如何区分雾与霾

误区2：雾霾天到底能不能运动？

雾霾天的空气中主要包括二氧化硫、氮氧化物和颗粒物三种物质，其中氮氧化物能够促进二氧化硫向硫酸盐颗粒物转化，而 $PM_{2.5}$ 作为可入肺颗粒物，会将附着在颗粒物上的许多有害物质，如重金属、病毒、细菌等，带到人体内中。图7.4是西安交通大学师生收集的西安雾霾颗粒，用扫描电子显微镜放大数十万倍呈现出来的模样。

人体吸入这些物质将直接对呼吸道产生影响，引起鼻炎、肺炎、支气管炎等。另外，持续雾霾导致的能见度低，还会影响人体的心理健康，给人造成沉闷、压抑的感受，会刺激或者

硫酸盐颗粒富钛合包壳颗粒附着的超细颗粒含铬、铅颗粒

图7.4　扫描电子显微镜下的雾霾颗粒

加剧心理抑郁的状态。

　　建议避免雾霾天晨练，晨练时人体需要的氧气量增加，随着呼吸的加深，雾中的有害物质会被吸入呼吸道，从而危害健康。可以改在太阳出来后再晨练，避开污染严重的早晚和下午六七点的时间段，尽量安排在下午。

　　若是因为雾霾严重而取消全部锻炼也不尽然。健身锻炼并不只有跑步、打篮球、踢足球。在不能进行高强度有氧运动时，可以选择在室内进行柔韧性、协调性、平衡性等方面的锻炼。这些素质都是身体所需要的，且锻炼又不会明显增加呼吸量。人们可根据自己的居住环境，打造一个小型的健身区域，只需要借助有限的家具、哑铃、瑜伽垫等就可以进行力量锻炼和有氧锻炼。原地跑步、俯卧撑、仰卧起坐、柔力球、健美操踏板都是适合雾霾天健身的项目。若空间足够大，可以充分进行有氧锻炼，可以选择的有氧型器械包括动感单车、椭圆机、跑步机、划船器等，可以锻炼腿、臀、腰腹部肌肉及心肺功能等。

图 7.5 　雾霾天锻炼的人们

误区3：人工消霾各种"神器"是否有效？

2014年，甘肃某广场上的2台军绿色炮筒式的机器引起了民众围观。据媒体报道，该机器名为高射远程喷雾机，可将自来水雾化并喷出600米远的水雾，对雾霾、粉尘比较大的施工场地有除尘及降温的作用。兰州轨道交通1号线一期工程东方红广场站施工期间，该设备将被用于浇灌广场草坪。网络上，不少媒体将其称为"治霾水炮"和"治霾专家"。

而中国科学院大气物理研究所专家称，该机器喷出的雾滴在降落过程中确实能有效冲刷粉尘等较大的颗粒物，但对致霾关键的细颗粒物$PM_{2.5}$并没有太大作用。因为这种雾滴的直径至少有十几微米，比$PM_{2.5}$的直径要大很多，除非连续十多个小时不间断冲刷，才有可能出现明显效果。

随后，环保除尘喷雾机先后出现在西安、张家口、福州、石家庄、济南、邯郸、青岛、廊坊等城市出现。这种"雾炮车"重10吨，能喷洒120米远、70米高的水雾，有喷雾降尘作用。与普通的洒水车只能喷10分钟左右，该"雾炮车"同样10吨水可喷洒1个小时，且覆盖面积超过3万平方米，媒体称之为"治霾神器"。

"雾炮车"和"治霾水炮"原理相同，但$PM_{2.5}$这样的小颗粒污染物比水雾小得多，气象条件不好时，可能会在近地面两三百米处形成污染层，即使进行喷雾，也只能在几十米内有一定效果，治霾作用十分有限。此外，专家表示，这些城市颗粒物的主要来源是燃煤、工业、机动车等，用这种车除霾作用不大。

图7.6　"治霾水炮"引路人驻足围观

　　人工削减雾霾的具体方式有三种，分别是人工增雨（雪）、人工消雾和人工除霾。但由于雾霾颗粒物的直径等因素，人工增雨及被称为"治霾水炮"的高射远程喷雾机对细

图 7.7 工作中的"雾炮车"

颗粒物的冲刷效果不会太明显。而人工消雾和人工除霾的方法目前只适合在封闭或局部范围内运用。

228

人工消霾是一种不得已的方式。$PM_{2.5}$、二氧化硫、氮氧化物等污染物的排放是引起雾霾的罪魁祸首，治霾还应把重心放在降低空气中的污染物含量上。降低污染物含量就要对大气进行采样并对成分进行分析，反推出到底哪些污染源造成了雾霾污染。这就是污染物的源解析技术，主要包括源排放清单、扩散模型和受体模型等三类方法。对于 $PM_{2.5}$ 来说，目前解析精度和准确性的两大障碍是雾霾成分与二次颗粒来源的不确定性。总而言之，各种源头解析方法结合使用起来，才可能会得出比较客观、更加切合实际的结果。

误区 4：古代没有雾霾？

也许有人认为，雾霾天气是因为尾气的排放、工业污染等原因造成的，古代应该空气质量优良，没有雾霾天。其实，历史上将雾霾称为"霾灾""雨霾""风霾""土雨"等。《元史》《明实录》和《清实录》等史料中多有记载。据《元史》记载，1329 年阴历三月，由于前一年冬天没有下雪，春天又乏雨水，导致"雨土，霾""天昏而难见日，路人皆掩面而行"。至元六年（1340 年）腊月，"雾锁大都，多日不见日光，都（城）门隐于风霾间"。由此可见，元代史籍中所记述大都城的这两次"霾灾"，持续时间较长，能见度很低。应该可以确定就是雾霾天气。

古人多认为雾霾灾害是"天神之怒"，所以治理方式则是"焚香祭天，祈神灵驱风霾"，多求神灵保佑，"以期感动上苍，赐下甘霖"。据传光绪年间京城曾出现一次严重的"霾灾"，数日不散，慈禧太后也曾令人在紫禁城内"祭天驱霾"。而民间在遇有"霾灾"出现时，人们多到龙王庙前来拜求龙王"驱霾祈雨"，并在庄稼种植上采取相应的措施。

"霾灾"较大的危害是影响交通运输，古代也是如此。明清时期盛行漕运，也就是使用运河的船只把粮食送进京城，"霾灾"一发生，水路难通，京城的粮仓存储量急剧减少，时有告急。如果用现代方法分析古代雾霾来源，主要有两个方面，一是焚烧秸秆、木炭、树木等，二是扬尘扬沙，如果遇上静止稳定的天气系统，不利于空气流动和污染物扩散的话，也一样会产生雾霾天气。

在科学尚不发达的古代，人们对雾霾的认识极少，对于如何预防"霾灾"，没有什么记载。但是可以看到雾霾确实在很久之前就有，只不过因为城市规模变大，经济发达，导致雾霾情况对人体健康和环境的影响越来越严重。加之科学研究的发展，雾霾的形成原因逐渐清晰，使人们的关注度升高了而已。

误区5：饮食排毒、植物除霾？

微博、微信上曾流传着这一类消息，认为某些食物可以达到清除肺部沉积物的效果。如白萝卜治痰多咳嗽；雪梨炖百合、银耳莲子羹润肺抗病毒；罗汉果茶清肺降火；木耳、葡萄、紫甘蓝滋阴润肺还特别推荐鸭血和猪血，认为清肺效果最棒。

上述网上流传的吃木耳、猪血等食物能排毒，专家表示没有科学根据。木耳含膳食纤维丰富，也就有助于裹挟一部分消

图7.8 网传能饮食排毒的菜品

化道中的杂质形成粪便排出。但是 $PM_{2.5}$ 可以直接进入肺泡，因此从机理上木耳很难起效。猪血对口腔的灰尘有一定的黏附作用，可清除呼吸道纤毛、上呼吸道、口腔里的灰尘，但医学上也没有理论依据支持可以清理肺腔里的垃圾。希望通过饮食来调理、清除污染物，几乎不可能。尤其是像空气污染较重的时候，仅仅靠吃这些食物来"清肺排毒"，作用实在是微乎其微。

空气中的颗粒物是通过呼吸道进入体内的，比较大的粉尘颗粒会被鼻腔内的纤毛拦截，更小的颗粒会通过鼻腔、咽部、喉部，而小于2.5微米的颗粒会进入肺部，沉积在那里。我们吃的食物是通过消化道进入胃肠道中，然后被分解。消化道和呼吸道是两个系统，想让进入呼吸道的东西通过新陈代谢的方式"带出来"，这是说不通的。

事实上，灰霾的形成主要是空气中悬浮的大量微粒和气象条件共同作用的结果，对这类污染诱发的疾患，食疗难有明显的作用。但从保健的角度来说，食疗是值得提倡的辅助预防措施。

图7.9　绿色植物

种绿色植物也成了公众面对阴霾天的选择之一，但专家认为，植物的光合作用在阴霾天受限，因此绿色植物改善空气质量的效果并不明显。可以在自家阳台、露台、室内多种植绿萝、万年青等绿色冠叶类植物，因其叶片较大，吸附能力相对较强。不过在家中摆放绿色植物的时候，不仅要考虑到植物的功能，还要考虑居室面积、光线、通风等现状。

专家表示，多数植物白天在光合作用下吸收二氧化碳排出氧气，而夜间则相反。但仙人掌等原产于热带干旱地区的多肉植物从来不会与居室的主人争夺氧气，其肉质茎上的气孔白天关闭，夜间打开在吸收二氧化碳的同时，使室内空气中的负离子浓度增加。

虎皮兰、虎尾兰、龙舌兰以及褐毛掌、伽蓝菜、景天、落地生根、栽培凤梨等植物对太阳光的依赖也很小，能在夜间净化空气的同时实现杀菌的目标。美国宇航局列出的净化空气的头号植物是散尾葵，被誉为"最有效的空气加湿器"。这些植物应该是阴霾天清洁居室空气的"劳模"。

雾霾天建议

减少外出：雾霾天气应尽量减少外出，出行应避开主干道路，如需外出可戴口罩来预防。避开交通拥挤的高峰期及开车多的路段，避免吸入更多的化学成分。

关好门窗：雾霾天气应尽量不要开窗，确实需要开窗透气的话，应尽量避开早晚雾霾高峰时段，可以将窗户打开一条缝通风，时间每次以半小时至 1 小时为宜。

停止晨练：雾霾天气晨练除了可导致呼吸系统疾病外，亦可导致心脑血管疾病。尤其冬季，天气寒冷可造成血管痉挛，出现血压升高、心绞痛。

少抽烟：雾霾天气吸烟更是"雪上加霜"，在不完全燃烧的情况下会产生很多属于 $PM_{2.5}$ 范畴的细颗粒物，会严重危害抽烟者本身和吸入"二手烟"受众的身体健康。

7.2　对于室内空气污染的几个认识误区

　　室内空气污染的主要来源是家居废气，而家在人们的心目中，向来是最安全的港湾。人们对室内空气污染的认知，普遍存在几个误区。通过解释装修污染与室内通风这两个主要误区，可提高我们对室内空气污染的认识，避免污染影响人居环境和人体健康。

误区6：只重视甲醛，不重视其他有害气体

　　国家颁布的《室内空气质量标准》（GB/T 18883—2002）中，规定了以下家中必须检测的有毒有害气体：苯、甲醛、氨、TVOC 等，其中苯、TVOC 等都是已确定的高致癌的物质。实际上，若从污染物的毒理危害性来说，后两者更为严重。

误区7：闻不到气味就表明无污染

　　在有毒有害气体中，有的在污染比较严重情况下，浓度大于人的嗅味阈值（指人的感觉器官能够嗅到的最低嗅觉浓度），可以感受到明显的异味，如甲醛嗅阈为 $0.6 \sim 0.12 \times 10^{-6}$ m/L、氨的嗅阈为 0.5×10^{-6} m/L。当空气中的污染物浓度大于嗅味阈值时才会闻到其刺鼻的味道。

　　甲醛和氨具有明显的刺鼻味，苯系物具有一定的芳香味，

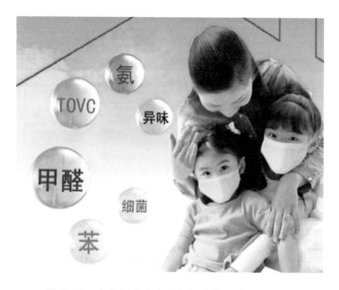

图 7.10　有些导致室内空气污染的污染物有气味

氡却是无气味的气体。一般来说，只有当空气中的污染物浓度达到超标值的 0.25 倍以上时，人的鼻子才能闻出来，氡的浓度无论有多高，人的鼻子都是无法闻到的。

　　总挥发性有机物（TVOC）中的挥发性有机化合物至少在 350 种以上，由于它们单独的浓度低，人的嗅觉是闻不到其气味的。同时各种物质混合在一起呈现的复杂的气味是很难辨别的。因此凭气味来判断是什么污染是不准确的。

　　有气味不一定有污染，而有污染的不一定能闻到气味。在装修后的房间里，如果能闻到明显的甲醛或是苯的气味，就表明室内空气污染程度已十分严重。闻不到气味时也不代表不存在污染，更不能说对人体的健康不会造成危害。

误区 8：先装修、后治理

这是对室内污染认识不足引起的，不少的家庭在装修前不考虑有毒有害气体的污染问题。等装修后再想办法治理，这是不太现实的。对于氨、苯等挥发较快的物质，通风是很有效的方法，经研究，在氨、苯中度污染的环境，每天保持室内通风，可以在半年左右的时间，使室内的氨、苯污染达到人体可承受的范围。但是对于装修第一大杀手"甲醛"却没有太大作用，因为甲醛的潜伏时间为 3 ～ 15 年，而且甲醛大多存在于装修材料的内部，不利于挥发，因此最好的方案是在装修前就提出室内环境质量指标，并在选材、用材时严格把关，以保证装修后的室内环境污染程度降到最轻的程度，并采取可以长期持续净化空气污染物的净化技术。

另外，用了环保材料不等同于环保装修。环保材料只是材料中有害物质含量在国家规定的最高限量之内，并不是不含甲醛、苯、氨等有害物质。室内空气的污染程度和使用何种装修材料并没有直接的联系，而是和同等大小空间内污染源的多少有直接的关系。如果在一个房间内使用大量装修材料，那么即使是使用环保材料，室内空气污染也很可能超标；如果在一个房间内使用很少的装修材料，那么即使使用的不是环保材料，室内空气污染也不一定超标。

装修好房屋后进行室内空气的检测和治理。按照国家发布的《民用建筑室内环境污染控制规范》要求，新建和新装修的房屋必须请室内环境检测部门进行室内空气质量检测合格以后才能入住。为了身体健康，这一条应尽量做到。

误区 9：只重视消除污染、不重视通风

图 7.11　室内空气污染要注意居室通风

　　消除污染固然重要，但毕竟是一种补救的措施，污染的消除需要一个长期的时间过程，为了避免污染造成更大危害，专家提倡从源头抓起。装潢施工时考虑合理设计，其中很重要的一条是通风系统的设计。通风可以保持室内空气新鲜。同时也可以使污染物的浓度较低，不至于或减少对人体的危害。现行的智能大厦，高档写字楼以及豪华住宅尤其注重这一点，家庭装修不妨也引进这一做法，使生活、休息的环境更好。

误区 10：开窗通风不讲究

　　再冷也要开窗通风换气，一个人在正常情况下每小时要呼出 22 升二氧化碳，如果通风不良，这些人体呼出的二氧化碳就会集聚在室内。开窗通风可以使人获得较多的"空气维生

图 7.12　霾天居室通风注意时间段

素"，也就是负离子，能增加人的寿命。开窗次数并非越多越好，一天开窗通风 3 次，每次不少于 15 分钟，基本就能够维持室内空气的新鲜了。

上午 10 时和下午 3 时为最佳开窗通风时间。很多人习惯早晨起床开窗和晚上回来开窗，据研究测试，城市里两个空气污染高峰一般在日出前后和傍晚，此时是最不宜开窗的时间。而两个相对的空气清洁时段是上午 10 时和下午 3 时前后，建议大家在此时间段开窗。雾霾非常严重时，需减少开窗时间。最好在有纱窗的情况下，窗户开小一点，并使用加湿器、湿化喷雾，或在暖气上放一盆水，以增加空气湿度，让灰尘和微生物都沉下去。

一年四季睡觉都应该保持通风。冬季可以留一条小缝。冬

图7.13　睡觉时也可开窗（微量）通风

天睡觉时，很多人总喜欢关门闭窗，以免受寒着凉。实际上，冬季睡觉时窗户应尽量开条缝，保证一定的有氧呼吸。但要避免对流风，不要让风直接吹到身上。生病或遇到大风、大雨等极端天气时不宜开窗。

为了预防和减少室内装修污染对人的身体健康造成危害，应该注意以下六点：

第一，要对室内装饰装修材料的质量进行严格把关，应避免使用含有有害物质的装饰装修材料。

第二，要注意房间的装饰设计，不要片面追求设计效果，使用大量的人造板和颜色漆，防止造成室内环境污染。

第三，按照国家发布的《民用建筑室内环境污染控制规范》要求做好新装修房屋室内空气的检测和治理。

　　第四，要加强房间的通风换气。通风换气是最有效、最经济的方法，不管住宅里是否有人，应尽可能地多通风。

　　第五，放置一些能吸收空气中污染物的活性炭和绿色植物，辅助改善室内空气质量。

　　第六，尽量减少在污染环境里的活动时间，在室外空气质量较好的时候，多做一些户外活动，不但可以减少室内环境中污染物质对身体的伤害，还可以增强身体的免疫能力。